高等院校基础数学“十二五”规划教材

微积分

潘状元 陶玉娟 ◎ 主 审
施春丽 ◎ 主 编
王贺平 陈雪梅 王世英 李同彬 ◎ 副主编

人 民 邮 电 出 版 社
北 京

图书在版编目（CIP）数据

微积分 / 施春丽主编. -- 北京 : 人民邮电出版社,
2015.9
高等院校基础数学“十二五”规划教材
ISBN 978-7-115-40331-5

Ⅰ. ①微… Ⅱ. ①施… Ⅲ. ①微积分－高等学校－教
材 Ⅳ. ①O172

中国版本图书馆CIP数据核字(2015)第202506号

内 容 提 要

本书是在认真分析、总结、吸收高等院校教学改革经验的基础上，根据教育部高等院校“大学数学”课程的基本要求，以课程改革精神及现代应用技术型人才的培养目标为依据，适度淡化深奥的数学理论，注重实用、够用、会用的教学原则编写完成的。

本书共6章，主要内容包括：函数与极限，导数与微分，微分中值定理及导数的应用，不定积分，定积分与多元函数微积分。

本书适合作为高等院校“微积分”课程的教材，也可供对微积分感兴趣的读者自学参考。

书中带有*内容，任课教师可根据实际课时情况决定取舍。

◆ 主　　编　施春丽
副 主 编　王贺平　陈雪梅　王世英　李同彬
主　　审　潘状元　陶玉娟
责任编辑　王亚娜
责任印制　焦志炜

◆ 人民邮电出版社出版发行　　北京市丰台区成寿寺路11号
邮编　100164　　电子邮件　315@ptpress.com.cn
网址　http://www.ptpress.com.cn
大厂聚鑫印刷有限责任公司印刷

◆ 开本：787×1092　1/16
印张：8.75　　2015年9月第1版
字数：201千字　　2015年9月河北第1次印刷

定价：25.00元

读者服务热线：(010) 81055256　印装质量热线：(010) 81055316
反盗版热线：(010) 81055315

前言

本教材是根据应用技术型本科院校人才培养目标要求，按照传承与改革的精神，立足于应用型技术院校各专业实际需求，遵循“实用为主，够用为度，以应用为目的”的基本原则，并结合多年数学教学的实际情况编写而成的。

本教材以培养学生的数学素养为目的，以提高学生应用数学知识解决实际问题的能力为教学的核心。在内容编写中，参考了多本同类教材，在教材的体系、内容的安排、例习题的配置等方面取各书所长，针对不同的专业编写了实际应用问题，并根据学生的情况进行了分层次的设置。

本教材有以下主要特点。

（1）教材突出了办学定位、培养方向和教学目标的统一性，既遵循“实用、够用、会用”的原则，又让本教材系统完整。

（2）每章节都精选了例习题，由浅入深，分层次、有梯度，并根据专业所需编写了实际应用问题，使之与专业有效衔接。每节最后还配有难度和技巧稍高的习题，既培养学生的逻辑思维能力，又提高学生对知识灵活运用的能力。

（3）教材结合应用技术型大学的特点，突出强调数学概念与实际问题的联系，适度淡化了深奥的数学理论，强化了几何说明。

本教材参考教学时数为 96 学时。各章的参考学时参见下面的学时分配表，使用本教材的教师可根据教学实际灵活掌握。

学时分配参考意见

章　节	课程内容	学时分配	
		讲　授	习题课时
第一章	函数与极限	14	2
第二章	导数与微分	14	4
第三章	微分中值定理及导数的应用	10	2
第四章	不定积分	10	4
第五章	定积分	10	2
第六章	多元函数微积分	18	2
总复习			4
课时总计		76	20

本教材是文理通用教材，由哈尔滨理工大学潘状元教授和哈尔滨师范大学陶玉娟副教授担任主审，施春丽担任主编，王贺平、陈雪梅、王世英、李同彬任副主编。其中，第一章由邢慧副教授、王世英编写，第二章由王贺平、陈洪波编写，第三章、第四章由李同彬、高娟编写，第五章、第六章由陈雪梅编写。

本教材在编写过程中，韩毓洁教授、原松梅教授和刘宝华教授给予了大力支持，他们对本书的编写进行了指导，并提出了宝贵的意见，在此对他们表示感谢！

由于作者水平有限，书中难免存在疏漏之处，敬请读者批评指正。

编者

2015 年 6 月

目录

第一章

函数与极限

初等数学研究的对象基本上是常量和规则图形，而高等数学研究的对象则是变量和不规则的图形。微积分是以极限做工具，研究函数的导数、微分、不定积分和定积分的基本概念及其应用。本章是微积分的基础内容，将讨论函数的基本概念、函数的极限和函数的连续性。

第一节 函 数

一、预备知识

1. 集合

集合是指具有某种特定性质的事物的全体，组成这个集合的事物称为该集合的元素。

通常用大写的拉丁字母 A，B，C，… 表示集合，集合中的元素用小写的拉丁字母 a，b，c，… 表示。

集合的表示方法通常有以下两种：一种是列举法：$A=\{a_1, a_2, \cdots, a_n\}$；另一种是描述法：$A=\{x \mid x$ 具有性质 $P\}$。

2. 变量

定义 1 在某一变化过程中可以取不同数值的量叫变量。通常用小写的拉丁字母 x，y，z 等表示。

变量的变化范围的表示，通常有以下 3 种方式：

第一种解析法，例如，$a \leqslant x \leqslant b$；

第二种集合表示法，例如，$D=\{x \mid a \leqslant x \leqslant b\}$；

第三种区间表示法，例如，$[a, b]$。

区间可以分为两大类：有限区间和无限区间(无穷区间)。

设 a，b 为两个实数，且 $a<b$。我们定义区间如下：

$(a, b)=\{x \mid a<x<b\}$ 为开区间，如图 1-1(a)所示；

$[a, b]=\{x \mid a \leqslant x \leqslant b\}$ 为闭区间，如图 1-1(b)所示。

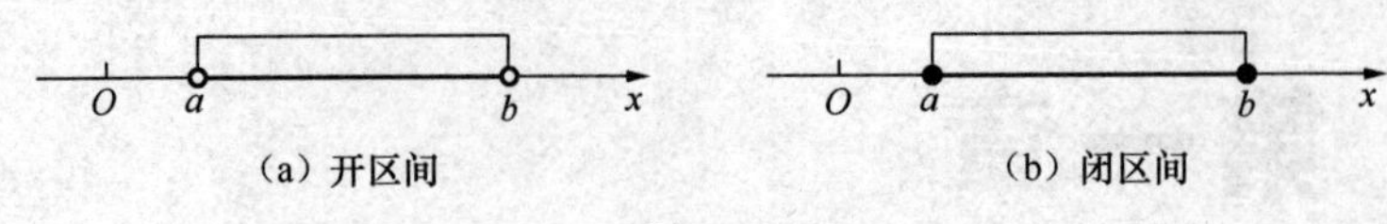

图 1-1

$(a, b]=\{x \mid a<x \leqslant b\}$ 和 $[a, b)=\{x \mid a \leqslant x<b\}$ 为半开区间。称 a，b 为区间的端点，$b-a$ 为区间的长度。以上区间的长度都为有限数，称它们为有限区间。我们还定义了无穷区间：$(-\infty, b]=\{x \mid x \leqslant b\}$，$(-\infty, b)=\{x \mid x<b\}$，$[a, +\infty)=\{x \mid x \geqslant a\}$，$(a, +\infty)=\{x \mid x>a\}$，$R=(-\infty, +\infty)$。

3. 邻域

定义 2 设 a 与 δ 是两个实数，且 $\delta>0$，则称开区间 $(a-\delta, a+\delta)$ 为点 a 的 δ 邻域，记作 $U(a, \delta)$，即

$$U(a, \delta)=(a-\delta, a+\delta)=\{x \mid a-\delta<x<a+\delta\}=\{x \mid |x-a|<\delta, \delta>0\}$$

其中点 a 称为该邻域的中心，δ 称为邻域的半径。如图 1-2 所示。

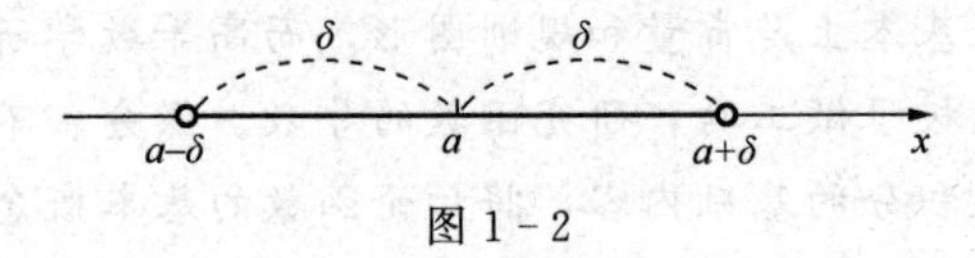

图 1-2

在 $U(a, \delta)$ 中去掉中心点 a，得到集合

$$\mathring{U}(a, \delta)=(a-\delta, a) \cup (a, a+\delta)=\{x \mid 0<|x-a|<\delta\}$$

称为点 a 的去心邻域。

二、函数

函数是高等数学的研究对象，函数关系就是变量之间的依赖关系。下面对中学学过的函数内容做更进一步的讨论。

1. 函数概念

定义 3 设 x 和 y 是两个变量，若当变量 x 在非空数集 D 内任取一数值时，变量 y 按照某一对应法则 f 总有唯一确定的数值与之对应，则称变量 y 是变量 x 的函数，记作 $y=f(x)$，$x \in D$，其中 x 称为自变量，y 称为因变量。

2. 构成函数的两要素

由函数的定义可知，只要定义域和对应法则确定了，函数也就确定了。因此函数的定义域和对应法则是确定函数关系的两要素。所以两个函数相同的充分必要条件是：它们的定义域相同，且对应法则相同。

例 1 判断 $y=x$ 与 $y=\frac{x^2}{x}$ 是否为同一函数。

解 $y=x$ 的定义域为 $(-\infty, +\infty)$，而 $y=\frac{x^2}{x}$ 的定义域为 $(-\infty, 0) \cup (0, +\infty)$，因它们的定义域不同，所以不是同一函数。

例 2 判断 $y=x$ 与 $y=\sqrt{x^2}$ 是否为同一函数。

解 $y=x$ 与 $y=\sqrt{x^2}$ 的定义域都是 $(-\infty, +\infty)$；函数 $y=x$，而函数 $y=\sqrt{x^2}=$

$|x|$，它们的对应法则不同，所以不是同一函数。

3. 函数定义域及求法

定义 4　自变量的变化范围称为函数的定义域。

例 3　求下列函数的定义域。

(1) $y=\sqrt{x-1}$　　　　(2) $y=\dfrac{1}{x^2-3x+2}$

(3) $y=\dfrac{\sqrt{x-1}}{x^2-3x+2}$　　　　(4) $y=\ln(x+1)+\arcsin\left(\dfrac{x-1}{2}\right)$

解　(1)由偶次根式被开方数非负可知，自变量 x 应满足

$$x-1\geqslant 0$$

解之：$x\geqslant 1$，故函数的定义域为：$x\geqslant 1$。(解析法)

(2)由分母不为零可知，自变量 x 应满足

$$x^2-3x+2\neq 0$$

解之：$(x-1)(x-2)\neq 0$，所以 $x\neq 1$ 且 $x\neq 2$，故函数的定义域为：$(-\infty,1)\cup(1,2)\cup(2,+\infty)$。(区间法)

(3)由偶次根式被开方数非负及分母不为零可知，自变量 x 应同时满足

$$\begin{cases}x-1\geqslant 0\\ x^2-3x+2\neq 0\end{cases}$$

解之：$\begin{cases}x\geqslant 1\\ x\neq 1 \text{ 且 } x\neq 2,\end{cases}$　它们的交集为 $x>1$ 且 $x\neq 2$，故函数的定义域为：$D=\{x\mid x>1 \text{ 且 } x\neq 2\}$(集合法)。显然这是由第一题和第二题组成的函数，只要分别求出它们的定义域，再找出它们的公共部分即可。

(4)这是两个函数之和的定义域，先分别求出每个函数的定义域，然后求其公共部分即可。自变量 x 应同时满足对数的真数大于零和反正弦函数的定义域的绝对值小于等于 1，即

$$\begin{cases}x+1>0\\ \left|\dfrac{x-1}{2}\right|\leqslant 1\end{cases}$$

解之：$\begin{cases}x>-1\\ -1\leqslant x\leqslant 3\end{cases}$，所以两部分的交集为 $-1<x\leqslant 3$，故函数的定义域为：$-1<x\leqslant 3$。

故原函数的定义域为 $-1<x\leqslant 3$。

在计算函数定义域时，应考虑的几种情况：分式中分母不为零；偶次根式中被开方数非负；对数中的真数大于零；反正弦和反余弦的定义域的绝对值小于等于 1；对于多个函数构成的函数的定义域，先分别求出每个函数的定义域，然后求其公共部分。

4. 函数值及其求法

当自变量 x 取数值 x_0 时，对应的函数 $y=f(x)$ 的值为 $y|_{x=x_0}=f(x_0)$。

全体函数值组成的集合称为函数 $y=f(x)$ 的值域。

例 4　已知 $f(x)=\dfrac{1-x}{1+x}$，求 $f(0)$，$f\left(\dfrac{1}{2}\right)$，$f[f(x)]$。

解 $f(0)=\dfrac{1-0}{1+0}=1$；$f\left(\dfrac{1}{2}\right)=\dfrac{1-\dfrac{1}{2}}{1+\dfrac{1}{2}}=\dfrac{1}{3}$；

$$f[f(x)]=\frac{1-\dfrac{1-x}{1+x}}{1+\dfrac{1-x}{1+x}}=\frac{2x}{1+x}\times\frac{1+x}{2}=x。$$

例 5 $y=x^2-2x+1$，求 $f(x+1)$。

解 $f(x+1)=(x+1)^2-2(x+1)+1=x^2$。

***例 6** $f(x+\dfrac{1}{x})=x^2+\dfrac{1}{x^2}$，求 $f\left(\dfrac{1}{x}\right)$。

解 因 $f\left(x+\dfrac{1}{x}\right)=x^2+\dfrac{1}{x^2}=\left(x+\dfrac{1}{x}\right)^2-2$，令 $x+\dfrac{1}{x}=t$，

所以 $f(t)=t^2-2$，因此 $f\left(\dfrac{1}{x}\right)=\dfrac{1}{x^2}-2$。

三、基本初等函数

基本初等函数是指以下 6 类函数：常函数、幂函数、指数函数、对数函数、三角函数以及反三角函数。

1. 常函数

$y=C$ (C 为常数)，$x\in\mathbf{R}$

其图像为一条平行于 x 轴的直线，如图 1-3 所示。

2. 幂函数

$y=x^{\mu}$ (μ 为常数)

其定义域、单调性、奇偶性都决定于 μ 的取值。在同一坐标系下，我们在图 1-4 中给出了 μ 取某些特殊值时函数的图像。

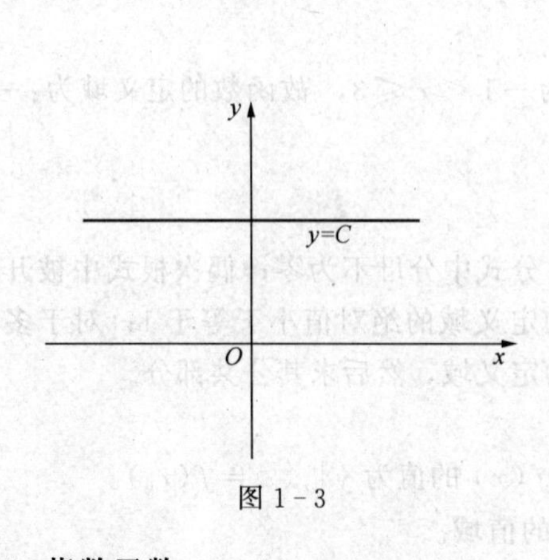

图 1-3

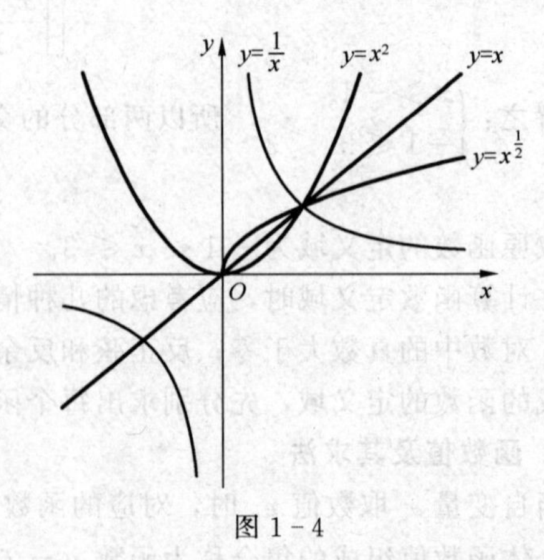

图 1-4

3. 指数函数

$y=a^x$，$x\in\mathbf{R}(a>0$ 且 $a\neq 1)$

当$a>1$时，函数在$(-\infty,+\infty)$上单调递增；当$0<a<1$时，函数在$(-\infty,+\infty)$上单调递减。函数图像如图 1-5 所示，曲线在 x 轴上方，以 x 轴为渐近线且恒过$(0,1)$点。

4. 对数函数

$y=\log_a x$，$x>0(a>0$ 且 $a\neq 1)$

当$a>1$时，函数在$(0,+\infty)$上单调递增；当$0<a<1$时，函数在$(0,+\infty)$上单调递减。函数图像如图 1-6 所示，曲线在 y 轴右侧，以 y 轴为渐近线，且恒过$(1,0)$点。

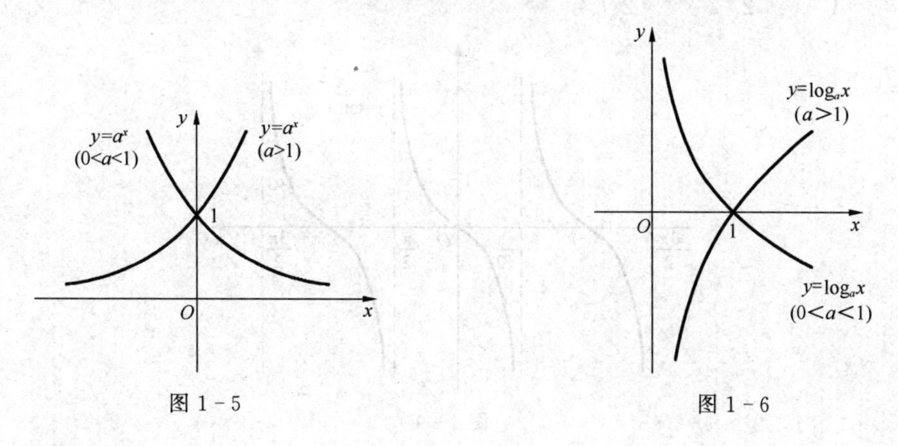

图 1-5　　图 1-6

5. 三角函数

(1) 正弦函数

$y=\sin x$，$x\in(-\infty,+\infty)$

正弦函数是以 2π 为最小正周期的奇函数，且$-1\leqslant\sin x\leqslant 1$，在$(-\infty,+\infty)$上有界。在区间$\left[2k\pi-\frac{\pi}{2},2k\pi+\frac{\pi}{2}\right]$$(k\in\mathbf{Z})$上单调递增；在区间$\left[2k\pi+\frac{\pi}{2},2k\pi+\frac{3\pi}{2}\right]$$(k\in\mathbf{Z})$上单调递减，其图像如图 1-7 所示。

(2) 余弦函数

$y=\cos x$，$x\in(-\infty,+\infty)$

余弦函数是以 2π 为最小正周期的偶函数，且$-1\leqslant\cos x\leqslant 1$，在$(-\infty,+\infty)$上有界。在区间$[2k\pi,(2k+1)\pi]$$(k\in\mathbf{Z})$上单调递减；在区间$[(2k-1)\pi,2k\pi]$$(k\in\mathbf{Z})$上单调递增，其图像如图 1-8 所示。

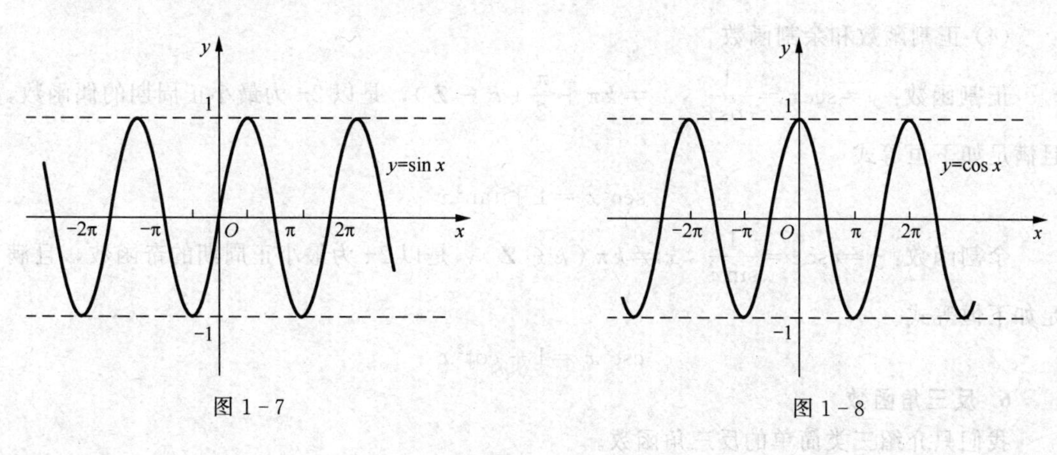

图 1-7　　图 1-8

(3) 正切函数和余切函数

正切函数：$y=\tan x$ ，$x \neq k\pi+\frac{\pi}{2}$（$k \in \mathbf{Z}$）。

余切函数：$y=\cot x$ ，$x \neq k\pi$（$k \in \mathbf{Z}$）。

正切函数和余切函数都是以 π 为最小正周期的奇函数。正切函数的图像如图 1－9 所示，在区间 $\left(k\pi-\frac{\pi}{2}, k\pi+\frac{\pi}{2}\right)$（$k \in \mathbf{Z}$）上单调递增。

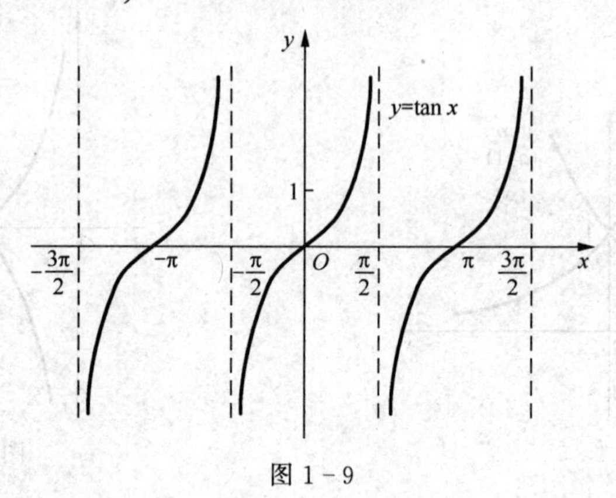

图 1－9

余切函数的图像如图 1－10 所示，在区间（$k\pi$，$k\pi+\pi$)($k \in \mathbf{Z}$)上单调递减。

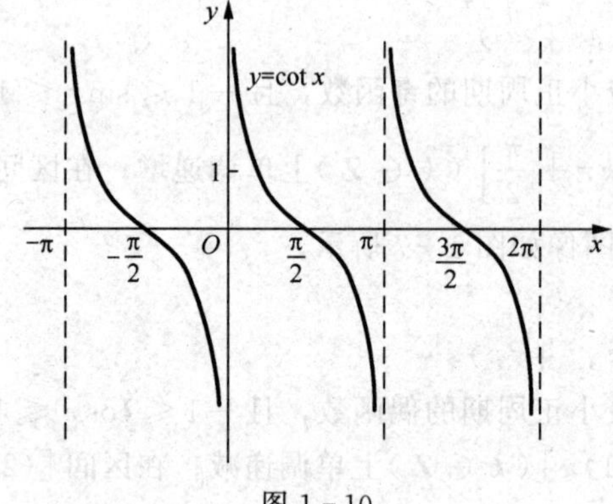

图 1－10

(4) 正割函数和余割函数

正割函数：$y=\sec x=\frac{1}{\cos x}$ ，$x \neq k\pi+\frac{\pi}{2}$（$k \in \mathbf{Z}$），是以 2π 为最小正周期的偶函数，且满足如下恒等式

$$\sec^2 x=1+\tan^2 x$$

余割函数：$y=\csc x=\frac{1}{\sin x}$ ，$x \neq k\pi$（$k \in \mathbf{Z}$），是以 2π 为最小正周期的奇函数，且满足如下恒等式

$$\csc^2 x=1+\cot^2 x$$

6. 反三角函数

我们只介绍三类简单的反三角函数。

(1) 反正弦函数

$$y = \arcsin x \text{ , } x \in [-1, 1]$$

是正弦函数 $y = \sin x$ 在主值区间 $\left[-\frac{\pi}{2}, \frac{\pi}{2}\right]$ 上的反函数。该函数为奇函数，在区间 $[-1, 1]$ 上单调递增，其图像如图 1-11 所示。

(2) 反余弦函数

$$y = \arccos x \text{ , } x \in [-1, 1]$$

是余弦函数 $y = \cos x$ 在主值区间 $[0, \pi]$ 上的反函数。该函数在区间 $[-1, 1]$ 上单调递减，其图像如图 1-12 所示。

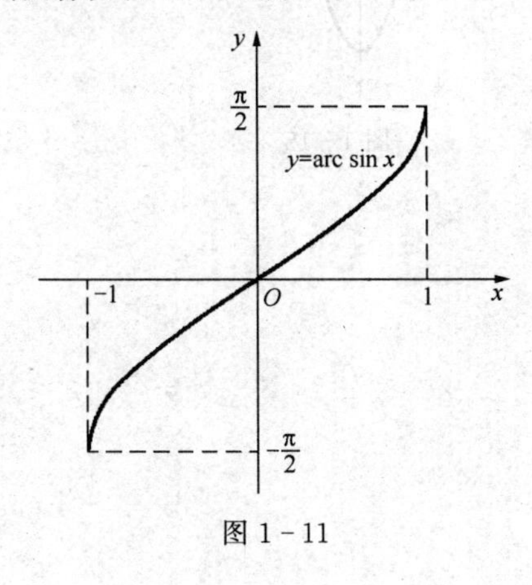

图 1-11

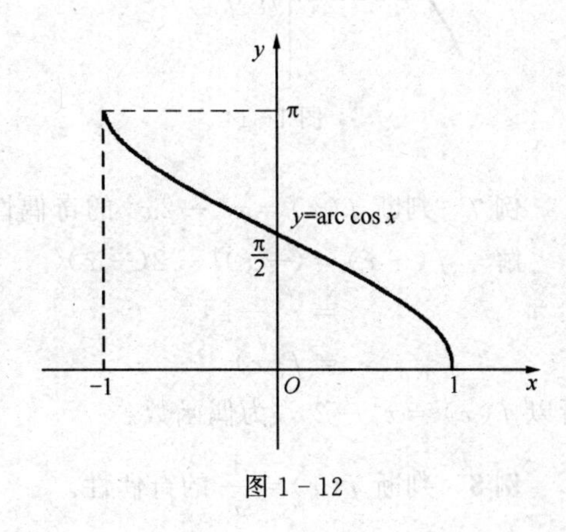

图 1-12

(3) 反正切函数

$$y = \arctan x \text{ , } x \in (-\infty, +\infty)$$

是正切函数 $y = \tan x$ 在主值区间 $\left[-\frac{\pi}{2}, \frac{\pi}{2}\right]$ 上的反函数。该函数为奇函数，在区间 $(-\infty, +\infty)$ 上单调递增，其图像如图 1-13 所示。

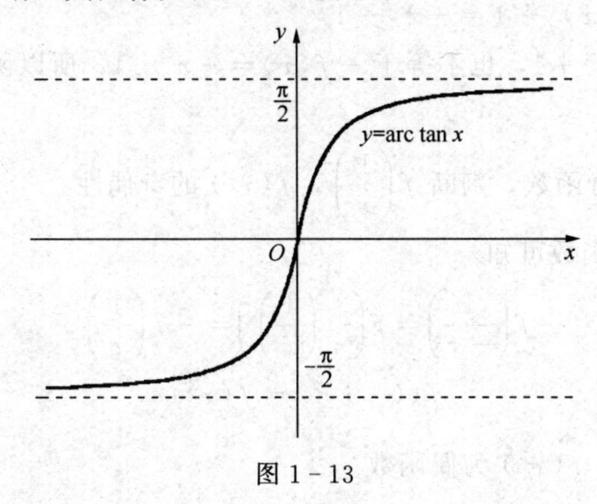

图 1-13

四、函数的几种性质

1. 奇偶性

设函数 $f(x)$ 的定义域 D 关于原点对称，如果对 $\forall x \in D$ ，恒有 $f(-x) = -f(x)$ ，

则称 $f(x)$ 为奇函数；如果对于 $\forall x \in D$，恒有 $f(-x)=f(x)$，则称 $f(x)$ 为偶函数。

由定义可知，奇函数的图像关于原点对称，如图 1－14 所示；偶函数的图像关于 y 轴对称，如图 1－15 所示。

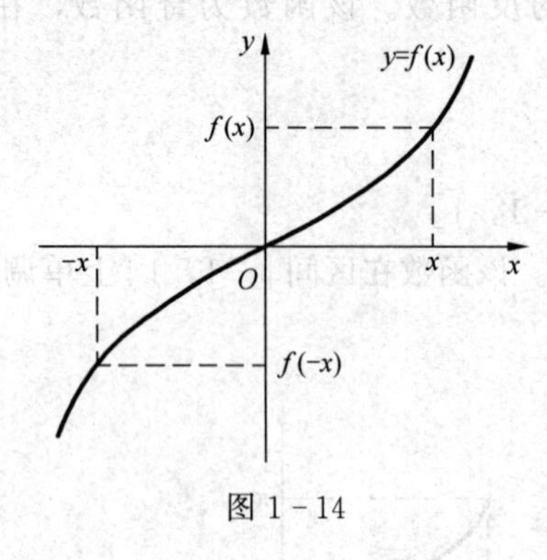

图 1－14

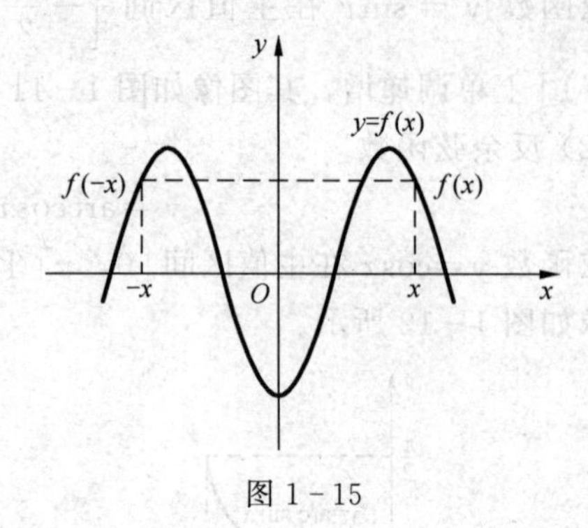

图 1－15

例 7 判断 $f(x)=x^4-2x^2$ 的奇偶性。

解
$$\begin{aligned} f(-x) &= (-x)^4-2(-x)^2 \\ &= x^4-2x^2 \\ &= f(x) \end{aligned}$$

所以 $f(x)=x^4-2x^2$ 为偶函数。

例 8 判断 $f(x)=\dfrac{1}{x}$ 的奇偶性。

解 $f(-x)=\dfrac{1}{-x}=-\dfrac{1}{x}=-f(x)$

所以 $f(x)=\dfrac{1}{x}$ 为奇函数。

例 9 判断 $f(x)=x^3+1$ 的奇偶性。

解 $f(-x)=(-x)^3+1=-x^3+1$

既不等于 $f(x)=x^3+1$，也不等于 $-f(x)=-x^3-1$，所以函数 $f(x)=x^3+1$ 即非偶函数，也非奇函数。

***例 10** $f(x)$ 为奇函数，判断 $f\left(\dfrac{1}{x}\right)$，$f(x^2)$ 的奇偶性。

解 由 $f(x)$ 为奇函数可知

$$f\left(\frac{1}{-x}\right)=f\left(-\left(\frac{1}{x}\right)\right)=-f\left(\frac{1}{x}\right)$$

$$f((-x)^2)=f(x^2)$$

所以，$f\left(\dfrac{1}{x}\right)$ 为奇函数，$f(x^2)$ 为偶函数。

2. 单调性

设函数 $f(x)$ 在区间 I 上有定义，$\forall x_1,\ x_2 \in I$，

(1) 若当 $x_1<x_2$ 时，恒有 $f(x_1)<f(x_2)$，则称函数 $f(x)$ 在 I 上是单调递增的。

(2) 若当 $x_1<x_2$ 时，恒有 $f(x_1)>f(x_2)$，则称函数 $f(x)$ 在 I 上是单调递减的。

单调递增的函数的曲线沿 x 轴正方向逐渐上升，如图 1－16 所示。单调递减的函数的曲线沿 x 轴正方向逐渐下降，如图 1－17 所示。

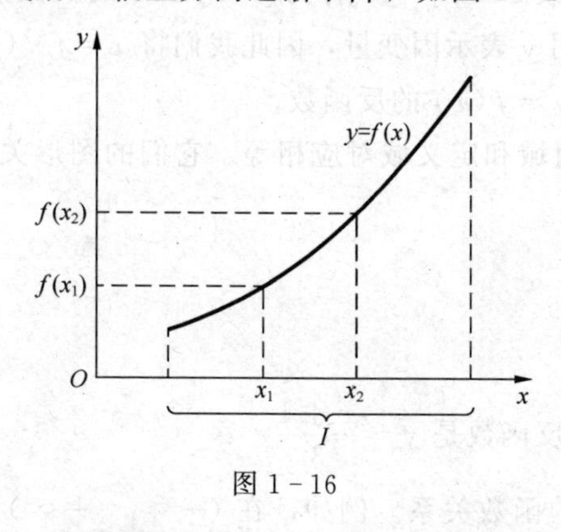

图 1－16

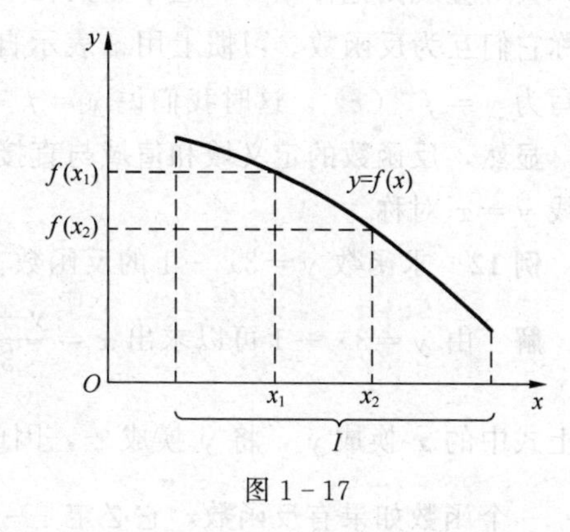

图 1－17

3. 周期性

对于函数 $f(x)$，如果存在正的常数 T，使得

$$f(x)=f(x+T)$$

恒成立，则称此函数为周期函数，满足这个等式的最小正数 T 称为函数的周期。

例如，$y=\sin x$，$y=\cos x$ 都是以 2π 为周期的周期函数，$y=\tan x$，$y=\cot x$ 都是以 π 为周期的周期函数。

4. 有界性

设函数 $f(x)$ 在区间 I 上有定义，如果存在正数 M，使得 $\forall x\in I$ 都有

$$|f(x)|\leqslant M$$

则称函数 $f(x)$ 在区间 I 上**有界**，否则称函数 $f(x)$ 在区间 I 上**无界**。有界函数的图像介于两条直线 $y=\pm M$ 之间，如图 1－18 所示。

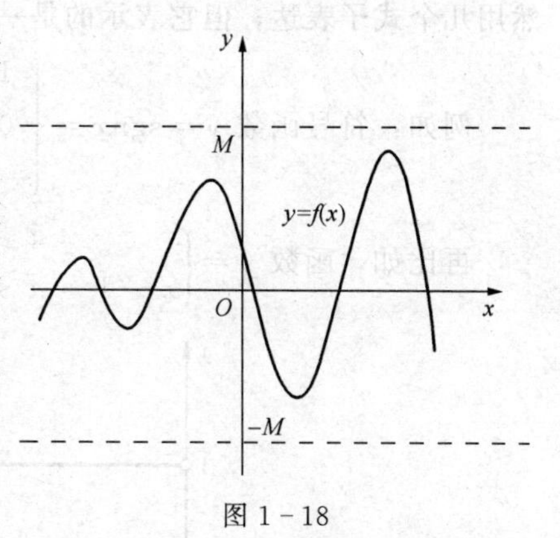

图 1－18

可以证明，函数 $f(x)$ 在区间 I 上有界的充分必要条件是：存在两个常数 m 和 M，使得 $\forall x\in I$ 都有

$$m\leqslant f(x)\leqslant M$$

其中 m 和 M 分别称为 $f(x)$ 在区间 I 上的**下界**和**上界**。

*__例 11__　证明函数 $y=\dfrac{1}{1+x^2}$ 在 $(-\infty,+\infty)$ 上有界。

解　对于 $\forall x\in R$ 都有

$$\left|\frac{1}{1+x^2}\right|\leqslant 1$$

故函数在 $x\in(-\infty,+\infty)$ 上有界。

五、反函数

定义 5　设 $y=f(x)$ 在区间 I 上有定义，对应的函数值集合为 $W=\{y\mid y=f(x),$

$x \in I\}$，如果对于每个 $y \in W$，只有唯一一个确定的且满足 $y=f(x)$ 的 $x \in I$ 与之对应，其对应规则记作 f^{-1}，这个定义在 W 上的函数 $x=f^{-1}(y)$ 称为 $y=f(x)$ 的反函数，或称它们互为反函数。习惯上用 x 表示自变量，用 y 表示因变量，因此我们将 $x=f^{-1}(y)$ 改写为 $y=f^{-1}(x)$，这时我们说 $y=f^{-1}(x)$ 是 $y=f(x)$ 的反函数。

显然，反函数的定义域和值域与直接函数的值域和定义域对应相等。它们的图形关于直线 $y=x$ 对称。

例 12 求函数 $y=3x-1$ 的反函数。

解 由 $y=3x-1$ 可以求出 $x=\dfrac{y+1}{3}$。

将上式中的 x 换成 y，将 y 换成 x，因此得出的反函数是 $y=\dfrac{x+1}{3}$。

一个函数如果有反函数，它必定是一一对应的函数关系。例如，在 $(-\infty, +\infty)$ 内 $y=x^2$ 不是一一对应的函数关系，所以它没有反函数；而在 $(0, +\infty)$ 内，$y=x^2$ 有反函数 $y=\sqrt{x}$；在 $(-\infty, 0)$ 内，$y=x^2$ 有反函数 $y=-\sqrt{x}$。

六、分段函数

有些函数，对于其定义域内自变量不同值，其对应规则不能用一个统一的数学表达式表示，而要用两个或两个以上的式子表示，这类函数称为分段函数，分段函数的表达式虽然用几个式子表达，但它表示的是一个函数。

例如：符号函数 $y=\operatorname{sgn}x=\begin{cases}1 & x>0\\ 0 & x=0\\ -1 & x<0\end{cases}$ 的图像，如图 1-19 所示。

再比如，函数 $y=\begin{cases}x & x\geqslant 1\\ x-1 & x<1\end{cases}$ 的图像如图 1-20 所示。

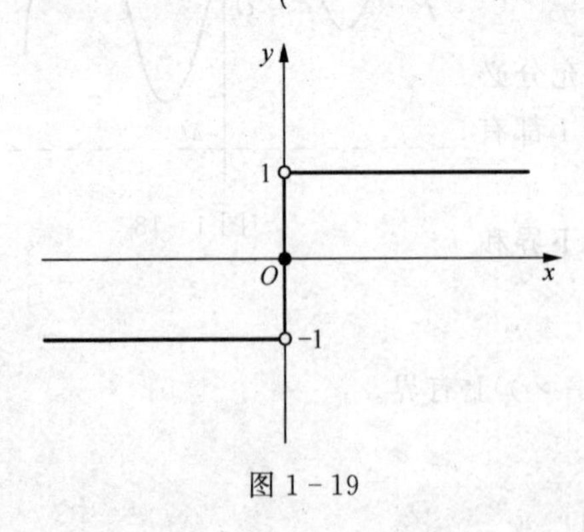

图 1-19

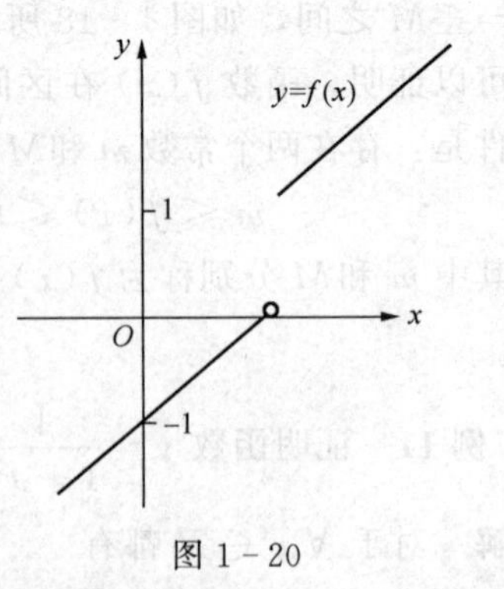

图 1-20

例 13 求分段函数 $f(x)=\begin{cases}2x & x\geqslant 1\\ x-1 & x<1\end{cases}$ 的函数值 $f(0)$，$f(2)$，$f(f(2))$。

解 $f(0)=-1$，$f(2)=4$，$f(f(2))=8$

*__例 14__ 求函数 $y=\begin{cases}x-1 & x<0\\ x^2 & x\geqslant 0\end{cases}$ 的反函数。

解　当 $x<0$ 时，由 $y=x-1$ 得 $x=y+1(y<-1)$，即当 $x<0$ 时，$f(x)$ 的反函数是 $x=y+1(y<-1)$；

当 $x\geqslant 0$ 时，由 $y=x^2$ 得 $x=\pm\sqrt{y}$。因 $x\geqslant 0$，根号前应取正号，所以 $x=\sqrt{y}(y\geqslant 0)$，即当 $x\geqslant 0$ 时，$f(x)$ 的反函数是 $x=\sqrt{y}(y\geqslant 0)$。

将 x 换成 y，y 换成 x，即可得出 $y=\begin{cases}x-1 & x<0\\ x^2 & x\geqslant 0\end{cases}$ 的反函数为

$$y=f^{-1}(x)=\begin{cases}x+1 & x<-1\\ \sqrt{x} & x\geqslant 0\end{cases}。$$

七、复合函数

定义 6　若函数 $y=f(u)$ 的定义域为 D_f，函数 $u=\varphi(x)$ 的值域为 Z_φ，并且 $D_f\cap Z_\varphi\neq\Phi$，则称

$$y=f[\varphi(x)]$$

为由函数 $y=f(u)$ 及 $u=\varphi(x)$ 复合而成的复合函数，x 为自变量，y 为因变量，u 称为中间变量。

例 15　设 $y=e^u$，$u=\sqrt{x}$，将 y 表示成 x 的复合函数。

解　复合而成的函数为 $y=e^{\sqrt{x}}$

例 16　下列函数可由哪些基本初等函数复合而成？

(1) $y=\sin 2x$　　(2) $y=e^{\sqrt{x^2+1}}$　　(3) $y=\ln\cos e^x$　　(4) $y=\sin[\ln(x^2-1)]$

解　(1) $y=\sin 2x$ 是由 $y=\sin u$，$u=2x$ 两个基本初等函数复合而成的。

(2)函数 $y=e^{\sqrt{x^2+1}}$，是由 $y=e^u$，$u=\sqrt{v}$，$v=x^2+1$ 三个基本初等函数复合而成的。

(3) $y=\ln\cos e^x$ 是由 $y=\ln u$，$u=\cos v$，$v=e^x$ 三个基本初等函数复合而成的。

(4)函数 $y=\sin[\ln(x^2-1)]$ 是由函数 $y=\sin u$，$u=\ln t$，$t=x^2-1$ 三个基本初等函数复合而成的。

这说明复合函数可以由多个基本初等函数复合而成。

注意　不是任何两个函数都能复合，例如，$y=\ln u$，$u=-x^2$；$y=\arcsin u$，$u=x^2+2$ 就不能复合。

例 17　求复合函数 $y=\arcsin\dfrac{2x-1}{3}$ 的定义域。

解　设 $y=\arcsin u$，$u=\dfrac{2x-1}{3}$，要求 $|u|\leqslant 1$，即 $\left|\dfrac{2x-1}{3}\right|\leqslant 1$，因此有 $-1\leqslant x\leqslant 2$，于是得出 $y=\arcsin\dfrac{2x-1}{3}$ 的定义域为 $-1\leqslant x\leqslant 2$。

八、初等函数

由基本初等函数经过有限次四则运算和有限次复合所构成的并可用一个式子表示的函数称为初等函数。如 $y=\sin x^2$，$y=\ln(2+\sqrt{x})$，$y=e^{\sin x}$ 都是初等函数。

分段函数，例如 $f(x)=\begin{cases}1 & x>0\\ 2x & x\leqslant 0\end{cases}$ 不能由基本初等函数经过四则运算或复合，并且

不可用一个式子表示，所以不是初等函数。

本课程所讨论的函数绝大多数都是初等函数。

习题 1.1

1. 求下列函数的定义域。

(1) $y=\sqrt{x^2-4x+3}$　　(2) $y=\arcsin(2x-1)$

(3) $y=\sqrt{x-1}+\dfrac{1}{x-3}+\ln(4-x)$　　(4) $y=\lg[\lg(\lg x)]$

2. 判断下列各对函数是否相等，并说明理由。

(1) $y=x$ 与 $y=\sqrt{x^2}$　　(2) $y=\ln x^2$ 与 $y=2\ln x$

(3) $y=\arcsin(\sin x)$ 与 $y=x$　　(4) $y=\sqrt{x}\sqrt{x-1}$ 与 $y=\sqrt{x(x-1)}$

3. 设 $f(x)=\begin{cases}x+3 & x\geqslant 1\\ x^2-1 & x<1\end{cases}$，求 $f(-1)$，$f(3)$，$f(x^2)$，$f(f(-2))$。

4. 设 $f(x)$ 和 $g(x)$ 如下，求 $f(g(x))$ 和 $g(f(x))$。

(1) $f(x)=\sin x$，$g(x)=x^2$　　(2) $f(x)=\lg x+1$，$g(x)=\sqrt{x}+1$

5. 判断下列函数的奇偶性。

(1) $y=\dfrac{\sin x}{x}+x^4$　　(2) $y=\dfrac{e^x+1}{e^x-1}$

*6. 已知 $f(x)$ 在 R 上有定义，判断 $f(x^2)$，$f(x)+f(-x)$，$f(x)-f(-x)$，$f^2(x)$ 的奇偶性。

7. 将下列复合函数分解成基本初等函数。

(1) $y=\ln\sqrt{x-3}$　　(2) $y=\sqrt{\ln\sin^2 x}$

(3) $y=\cos^2 e^{2x}$　　(4) $y=\arcsin\sqrt{x^3}$

8. 设 $f\left(x+\dfrac{1}{x}\right)=x^2+\dfrac{1}{x^2}$，求 $f(x)$。

第二节　数列的极限

极限是高等数学中最重要的数学概念之一，是研究微积分学的重要工具。微积分学中的许多重要概念，如导数、定积分等，均通过极限来定义。因此，掌握极限的思想和方法是学好微积分学的前提条件。

极限的思想源于某些实际问题的精确求解(例如圆的面积)。我国古代数学家刘徽(公元3世纪)利用圆内接正多边形来推算圆面积的方法——割圆术，就是极限思想在几何学上的应用。又如，春秋战国时期的哲学家庄子(公元前4世纪)在《庄子——天下篇》中对“截丈问题”有一段名言：“一尺之锤，日截其半，万世不竭”，其中也隐含了深刻的极限思想。本节将介绍数列极限的概念和性质。

一、数列

定义1　无穷多个按一定次序排列的一串数

$$x_1, x_2, \cdots, x_n, \cdots$$

称为**数列**，记为 $\{x_n\}$，其中 x_n 称为**一般项或通项**。

显然，数列是定义在全体正整数集上的函数，因此数列还可以表示为

$$x_n = f(n), \quad n \in N^+$$

例 1　几个数列的例子。

(1) $\{(-1)^n\}$：$-1, 1, -1, 1, \cdots, (-1)^n, \cdots$。

(2) $\left\{\frac{1}{n}\right\}$：$1, \frac{1}{2}, \frac{1}{3}, \cdots, \frac{1}{n}, \cdots$。

(3) $\left\{\frac{1}{2^n}\right\}$：$\frac{1}{2}, \frac{1}{4}, \cdots, \frac{1}{2^n}, \cdots$。

(4) $\left\{\frac{n}{n+1}\right\}$：$\frac{1}{2}, \frac{2}{3}, \cdots, \frac{n}{n+1}, \cdots$。

在初等数学中，我们关心数列的通项公式以及前 n 项的和，现在我们要研究：当 n 无限增大时，数列的整体变化趋势。

对于数列(2)，当 n 无限增大时，其通项 $\frac{1}{n}$ 无限接近于 0。

对于数列(3)，当 n 无限增大时，其通项 $\frac{1}{2^n}$ 无限接近于 0。

对于数列(4)，当 n 无限增大时，其通项 $\frac{n}{n+1}$ 无限接近于 1。

以上讨论的 3 个数列有共同的特性：当 n 无限增大时，其通项都无限接近某个常数。把这种特性抽象出来，就形成了极限的概念。

二、数列的极限的概念

定义 2　对于数列 $\{x_n\}$，如果当 n 无限增大时，数列 x_n 无限接近于某一常数 a，则称此常数 a 是数列 $\{x_n\}$ 的**极限**，或者说数列 $\{x_n\}$ **收敛于** a，记为

$$\lim_{n\to\infty} x_n = a \text{ 或 } x_n \to a\ (n \to \infty)$$

如果不存在这样的常数 a，则称数列 $\{x_n\}$ 没有极限，或者说数列 $\{x_n\}$ **发散**。

由数列极限的定义和例 1 的分析可知

$$\lim_{n\to\infty} \frac{1}{n} = 0\ ;\ \lim_{n\to\infty} \frac{1}{2^n} = 0\ ;\ \lim_{n\to\infty} \frac{n}{n+1} = 1$$

而数列 $\{(-1)^n\}$ 无论 n 多大，总有奇数项为 -1，偶数项为 1，因而其通项不能无限接近某个确定的常数，故 $\lim_{n\to\infty}(-1)^n$ 不存在。

再例如数列 $\{2^n\}$ 随着 n 的无限增大，数列 $\{2^n\}$ 也是无限增大的，所以 $\lim_{n\to\infty} 2^n$ 不存在。

由数列极限的定义可知数列收敛于 a 是指：n 无限增大时，后边的所有项都要整体地无限接近常数 a。为了描述这种整体性和无限接近的趋势，我们引入极限的数量化定义。

***定义 2′($\varepsilon - N$ 定义)**　设 $\{x_n\}$ 为一数列，如果存在常数 a，对于任意给定的正数 ε(不论它多么小)，总存在正整数 N，使得当 $n > N$ 时恒有

$$|x_n - a| < \varepsilon$$

则称常数 a 是**数列** $\{x_n\}$ **的极限**，或者说**数列** $\{x_n\}$ **收敛于** a ，记为

$$\lim_{n\to\infty} x_n = a \text{ 或 } x_n \to a(n\to\infty)$$

如果不存在这样的常数 a ，则称数列 $\{x_n\}$ 没有极限，或者说数列 $\{x_n\}$ **发散**。

该定义表明：无论你想象到的正数 ε 有多小，总能找到一个确定的正整数 N ，使得数列从 $N+1$ 项开始以后的所有项到固定常数 a 的距离都比 ε 还要小。这样就精确描述了整体无限接近的趋势。

极限 $\lim\limits_{n\to\infty} x_n = a$ 的几何意义如图 1－21 所示：无论 ε 有多小，只要 n（$n>N$）充分大，则所有的 x_n 都会落在 a 的 ε 邻域 $U(a,\varepsilon)$ 内。

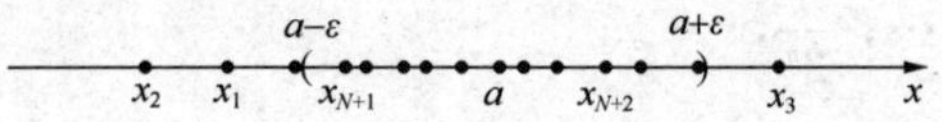

图 1－21

例 2 观察下列数列是否收敛，若收敛，收敛到何值?

(1) $x_n = \dfrac{n-1}{n}$ (2) $x_n = 2 - \dfrac{1}{n^2}$

解 (1) $\lim\limits_{n\to\infty} \dfrac{n-1}{n} = \lim\limits_{n\to\infty}\left(1-\dfrac{1}{n}\right) = 1$,

(2) $\lim\limits_{n\to\infty}\left(2-\dfrac{1}{n^2}\right) = 2$。

***例 3** 利用定义证明 $\lim\limits_{n\to\infty} \dfrac{3n-1}{n} = 3$。

证 对于任意给定的 $\varepsilon>0$，要使 $|x_n-3| = \left|\dfrac{3n+1}{n}-3\right| = \dfrac{1}{n} < \varepsilon$，只要取 $n > \dfrac{1}{\varepsilon}$ 就可以了，因此对于任意给定的 $\varepsilon>0$，取正整数 $N = \left[\dfrac{1}{\varepsilon}\right]+1$，则当 $n>N$ 时，$|x_n-3|<\varepsilon$ 恒成立。所以 $x_n = \dfrac{3n+1}{n}$ 以 3 为极限，即

$$\lim_{n\to\infty} \frac{3n-1}{n} = 3。$$

三、收敛数列的性质

定理 1(极限的唯一性) 如果数列 $\{x_n\}$ 收敛，则它的极限是唯一的。

借助数列极限的几何意义说明定理的正确性。

设 $\lim\limits_{n\to\infty} x_n = a$ 且 $\lim\limits_{n\to\infty} x_n = b$ ，若 $a \neq b$ ，不妨设 $a<b$ 。适当选取 ε ，如图 1－22 所示，由几何意义可知，当 n 充分大，x_n 既要落在 $(a-\varepsilon, a+\varepsilon)$ 内又要落在 $(b-\varepsilon, b+\varepsilon)$ 内，这显然是不可能的。

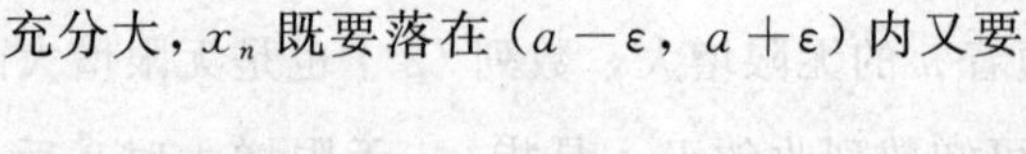

图 1－22

对于数列 $\{x_n\}$ ，如果存在正数 M ，使得对一切 x_n 都有 $|x_n| \leqslant M$ ，则称数列 $\{x_n\}$

有界；如果这样的正数 M 不存在，则称数列 $\{x_n\}$ 无界。

定理 2(收敛数列的有界性)　如果数列 $\{x_n\}$ 收敛，则数列 $\{x_n\}$ 必有界。

由定理 2 可知，有界是数列收敛的必要条件。我们常用该定理判断数列发散。例如，$\{(-1)^n n\}$ 的通项的绝对值 $|(-1)^n n|=n$，故 $\{(-1)^n n\}$ 无界，所以 $\{(-1)^n n\}$ 必发散。

注意，有界数列不一定收敛。例如，数列 $\{(-1)^n\}$ 的通项 $|x_n|\leqslant 1$，是有界数列，但该数列发散。

定理 3(保号性)　如果 $\lim\limits_{n\to\infty}x_n=a$，且 $a>0$(或 $a<0$)，则存在正整数 N，当 $n>N$ 时，都有 $x_n>0$(或 $x_n<0$)。

若 $a>0$，适当选取 ε ($a-\varepsilon>0$)，如图 1-23 所示。由几何意义可知，存在正整数 N，当 $n>N$ 时的一切 x_n 要落在 $(a-\varepsilon,\ a+\varepsilon)$ 内，故有 $x_n>0$。

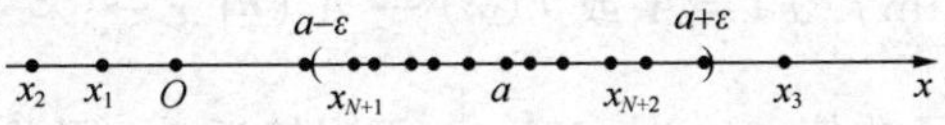

图 1-23

推论　如果数列 $\{x_n\}$ 从某项起有 $x_n\geqslant 0$(或 $x_n\leqslant 0$)，且 $\lim\limits_{n\to\infty}x_n=a$，则 $a\geqslant 0$(或 $a\leqslant 0$)。

定理 4　如果数列 $\{x_n\}$ 收敛于 a，则数列 $\{x_n\}$ 的任何子数列都收敛，且收敛于 a。由定理 4 可知，若 $\{x_n\}$ 的两个子数列收敛于不同的数，则 $\{x_n\}$ 必发散。例如，对于数列

$$x_n=\begin{cases}1-\dfrac{1}{n} & n=2k\\ & \qquad (k=1,2,3,\cdots)\\ \dfrac{1}{n^2} & n=2k-1\end{cases}$$

有
$$\lim_{k\to\infty}x_{2k}=1\neq\lim_{k\to\infty}x_{2k-1}=0$$

故原数列发散。

习题 1.2

1. 写出下列数列的前五项。

(1) $x_n=\dfrac{1}{2^n}$　　(2) $x_n=\dfrac{1}{n}\sin\dfrac{\pi}{n}$

2. 用观察的方法判断下列数列是否收敛，在收敛时指出它们的极限。

(1) $-\dfrac{1}{3},\ \dfrac{3}{5},\ -\dfrac{5}{7},\ \dfrac{7}{9},\ -\dfrac{9}{11},\ \cdots$　　(2) $2,\ \dfrac{3}{2},\ \dfrac{4}{3},\ \dfrac{5}{4},\ \cdots$

(3) $0,\ \dfrac{1}{2},\ 0,\ \dfrac{1}{4},\ 0,\ \dfrac{1}{6},\ 0,\ \dfrac{1}{8},\ \cdots$

第三节　函数的极限

一、函数极限的定义

如果在自变量的某一个变化过程中，对应的函数值无限接近于某个确定的数，那么这个确定的数就叫作在这个变化过程中函数的极限。这个极限是与自变量的变化过程密切相

关的，由于自变量的变化过程不同，函数的极限就表现为不同的形式。数列极限可看作函数 $f(n)$ 当 $n\to\infty$ 时的极限，这里自变量的变化过程是 $n\to\infty$。

下面讲述自变量的变化过程为其他情形时的函数 $f(x)$ 的极限，主要研究两种情形：

(1) 自变量 x 的绝对值 $|x|$ 无限增大即趋于无穷大(记作 $x\to\infty$)时，对应的函数值 $f(x)$ 的变化情形。

(2) 自变量 x 无限地地接近于有限值 x_0 或者说趋于有限值 x_0(记作 $x\to x_0$)时，对应的函数值 $f(x)$ 的变化情形。

1. 自变量趋于无穷大时函数的极限

定义 1 设函数 $f(x)$ 当 $|x|$ 大于某一正数时有定义，当自变量趋于无穷大($x\to\infty$)时，若函数值 $f(x)$ 无限接近于某个常数 A，则称当 $x\to\infty$ 时函数 $f(x)$ 的极限为 A，记作

$$\lim_{x\to\infty}f(x)=A \text{ 或 } f(x)\to A\ (\text{当 } x\to\infty)$$

例如，当 $x\to\infty$，函数值 $f(x)=1+\frac{1}{x^2}$ 无限接近 1，因此

$$\lim_{x\to\infty}\left(1+\frac{1}{x^2}\right)=1$$

***定义 1′(ε-X 定义)** $\forall\varepsilon>0$，$\exists X>0$，当 $|x|>X$ 时，有 $|f(x)-A|<\varepsilon$，则称当 $x\to\infty$ 时函数 $f(x)$ 的极限为 A，记作

$$\lim_{x\to\infty}f(x)=A \text{ 或 } f(x)\to A\ (\text{当 } x\to\infty)$$

如果 $x>0$ 且 $|x|$ 无限增大(记作 $x\to+\infty$)，那么只要把上面定义中 $|x|>X$ 的改为 $x>X$，就可得 $\lim\limits_{x\to+\infty}f(x)=A$ 的定义。同样如果 $x<0$ 且 $|x|$ 无限增大(记作 $x\to-\infty$)，那么只要把上面定义中 $|x|>X$ 的改为 $x<-X$，便可得 $\lim\limits_{x\to-\infty}f(x)=A$ 的定义。

类似于定义 1，我们给出 $x\to+\infty(-\infty)$ 时函数 $f(x)$ 的极限的定义。

定义 2 设函数 $f(x)$ 在区间 $(a,+\infty)$ 上有定义，当自变量 x 无限增大时(即 $x\to+\infty$)时，若函数值 $f(x)$ 无限接近某个常数 A，则称当 $x\to+\infty$ **时函数** $f(x)$ **的极限为** A，记为

$$\lim_{x\to+\infty}f(x)=A \text{ 或 } f(x)\to A\ (\text{当 } x\to+\infty)$$

定义 3 设函数 $f(x)$ 在区间 $(-\infty,b)$ 上有定义，当自变量 x 取负值且无限变小时(即 $x\to-\infty$)时，若函数值 $f(x)$ 无限接近某个常数 A，则称当 $x\to-\infty$ **时函数** $f(x)$ **的极限为** A，记为

$$\lim_{x\to-\infty}f(x)=A \text{ 或 } f(x)\to A\ (\text{当 } x\to-\infty)$$

显然，$\lim\limits_{x\to\infty}f(x)=A\Leftrightarrow\lim\limits_{x\to+\infty}f(x)=A=\lim\limits_{x\to-\infty}f(x)$。

例如：$f(x)=\frac{|x|}{x}$，有 $\lim\limits_{x\to+\infty}f(x)=1$，$\lim\limits_{x\to-\infty}f(x)=-1$，所以 $\lim\limits_{x\to\infty}f(x)$ 不存在。

2. 自变量趋于有限值时函数的极限

定义 4 设函数 $f(x)$ 在点 x_0 的某一去心邻域 $\mathring{U}(x_0)$ 内有定义，若当自变量 x 无限趋近于 x_0(即 $x\to x_0$)时，函数值 $f(x)$ 无限接近于某个常数 A，则称当 $x\to x_0$ **时函数** $f(x)$ **的极限为** A，记为

$$\lim_{x\to x_0}f(x)=A \text{ 或 } f(x)\to A\ (\text{当 } x\to x_0)$$

*定义 4′（ε-δ 定义）　$\forall\varepsilon>0$，$\exists\delta>0$，当 $0<|x-x_0|<\delta$ 时，有 $|f(x)-A|<\varepsilon$，则称当 $x\to x_0$ 时函数 $f(x)$ 的极限为 A，记为

$$\lim_{x\to x_0}f(x)=A \text{ 或 } f(x)\to A\ (\text{当 } x\to x_0)$$

由定义可知，$x\to x_0$ 时函数 $f(x)$ 的极限，描述了自变量 x 在无限趋近 x_0 这种变化过程中，函数 $f(x)$ 的变化趋势。因此，该极限是否存在以及极限为何值，与函数在 x_0 点有无定义是无关的；另外，x 趋近 x_0 有两个方向（左侧和右侧），x 不论从哪个方向无限趋近于 x_0，函数 $f(x)$ 都要无限接近同一个常数，极限才能存在。

例 1　观察函数 $f(x)=x^2+1$ 在 $x\to 0$ 时的极限。

解　由于 $x\to 0$ 时，$f(x)\to 1$，故 $\lim\limits_{x\to 0}(x^2+1)=1$。

例 2　观察极限 $\lim\limits_{x\to x_0}x$ 。

解　经观察得 $\lim\limits_{x\to x_0}x=x_0$，今后将此作为公式使用。

***例 3**　观察 $f(x)=\dfrac{x^2-4}{x+2}$ 在 $x\to 2$ 时的极限。

解　当 $x\neq -2$ 时，函数可化简为 $f(x)=x-2$，因此

$$x\to -2 \text{ 时}，f(x)\to -4$$

所以 $\lim\limits_{x\to -2}\dfrac{x^2-4}{x+2}=\lim\limits_{x\to -2}(x-2)=-4$。

把定义 4 中自变量的变化趋势 $x\to x_0$ 改为 x 从 x_0 的左右两侧趋近于 x_0，则得到单侧极限的概念。

定义 5　若当 x 从 x_0 的左侧（$x<x_0$）（右侧（$x>x_0$））无限趋近 x_0 时，函数值 $f(x)$ 无限接近某个常数 A，则称当 $x\to x_0^-$（$x\to x_0^+$）时函数 $f(x)$ 的左极限（右极限）为 A。记为

$$\lim_{x\to x_0^-}f(x)=A\left(\lim_{x\to x_0^+}f(x)=A\right)$$

函数在一点处的极限和单侧极限有如下关系。

定理 1　$\lim\limits_{x\to x_0}f(x)=A$ 的充要条件是 $\lim\limits_{x\to x_0^-}f(x)=\lim\limits_{x\to x_0^+}f(x)=A$。

例 4　观察函数 $f(x)=\begin{cases}x & x>0\\ -x & x\leqslant 0\end{cases}$ 在 $x\to 0$ 时的极限是否存在。

解　因为 $\lim\limits_{x\to 0^-}f(x)=\lim\limits_{x\to 0^-}(-x)=0$，$\lim\limits_{x\to 0^+}f(x)=\lim\limits_{x\to 0^+}x=0$，

故 $f(x)$ 在 $x\to 0$ 的左右极限都存在且相等，由定理 1 可知 $\lim\limits_{x\to 0}f(x)=0$。

例 5　设 $f(x)=\begin{cases}1-x & x>0\\ x & x\leqslant 0\end{cases}$，研究 $\lim\limits_{x\to 0}f(x)$ 的极限是否存在。

解　因为 $\lim\limits_{x\to 0^-}f(x)=\lim\limits_{x\to 0^-}x=0$，$\lim\limits_{x\to 0^+}f(x)=\lim\limits_{x\to 0^+}(1-x)=1$，

因 $f(x)$ 在 $x=0$ 的左右极限都存在但并不相等，由定理 1 可知 $\lim\limits_{x\to 0}f(x)$ 不存在。

二、函数极限的性质

类似于数列极限，可得到函数极限的如下性质。

定理 2(极限的唯一性) 如果 $\lim\limits_{x \to x_0} f(x)$ 存在，则极限是唯一的。

定理 3(局部有界性) 如果 $\lim\limits_{x \to x_0} f(x) = A$ ，则存在 x_0 的某一去心邻域 $\mathring{U}(x_0)$，使得 $f(x)$ 在 $\mathring{U}(x_0)$ 有界。

定理 4(局部保号性) 如果 $\lim\limits_{x \to x_0} f(x) = A$ ，且 $A > 0$(或 $A < 0$)，则存在 x_0 的某一去心邻域 $\mathring{U}(x_0)$，使得 $\forall x \in \mathring{U}(x_0)$ 都有 $f(x) > 0$(或 $f(x) < 0$)。

习题 1.3

1. 判断下列函数的极限是否存在，若存在则求其值。

(1) $\lim\limits_{x \to \infty} \arctan x$　　(2) $\lim\limits_{x \to 0} e^{\frac{1}{x}}$

(3) $\lim\limits_{x \to \infty} \cos x$　　(4) $\lim\limits_{x \to 0^+} \sin x$

2. 设 $f(x) = \begin{cases} x & x < 3 \\ 3x - 1 & x \geqslant 3 \end{cases}$，作 $f(x)$ 的图形，并讨论当 $x \to 3$ 时，$f(x)$ 的左右极限。

3. 设 $f(x) = \begin{cases} x & x \leqslant 1 \\ 6x - 5 & x > 1 \end{cases}$， 讨论当 $x \to 1$ 时，$f(x)$ 的极限是否存在。

*4. 证明 $\lim\limits_{x \to 0} \dfrac{|x|}{x}$ 不存在。

第四节　极限运算法则

本节讨论极限的求法，利用极限的四则运算法则和复合函数的极限运算法则，求某些函数的极限，后面我们还将介绍求极限的其他方法。

一、极限的四则运算法则

定理 1 如果在自变量的同一变化过程中有 $\lim f(x) = A$ ，$\lim g(x) = B$ ，则

(1) $\lim[f(x) \pm g(x)] = \lim f(x) \pm \lim g(x) = A \pm B$ 。

(2) $\lim[f(x) \cdot g(x)] = \lim f(x) \cdot \lim g(x) = A \cdot B$ 。

(3) $\lim \dfrac{f(x)}{g(x)} = \dfrac{\lim f(x)}{\lim g(x)} = \dfrac{A}{B}$ ($B \neq 0$)。

此定理的 (1)、(2) 可推广到有限个函数。

若在定理 1 中令 $g(x) = c$ (c 为常数)，则可得如下结论。

推论 1 如果 $\lim f(x)$ 存在，c 为常数，则 $\lim[cf(x)] = c\lim f(x)$ 。

推论 1 说明，求极限时常数因子可直接提到极限符号外边。

推论 2 如果 $\lim f(x)$ 存在，n 为正整数，则

$$\lim[f(x)]^n = [\lim f(x)]^n$$

例 1 求 $\lim\limits_{x \to 1}(3x^2 - 2x + 1)$ 。

解 $\lim\limits_{x \to 1}(3x^2 - 2x + 1) = 3\lim\limits_{x \to 1} x^2 - 2\lim\limits_{x \to 1} x + \lim\limits_{x \to 1} 1$

$$=3(\lim_{x\to 1}x)^2-2+1=3-2+1=2$$

一般地，对于多项式函数 $P_n(x)=a_nx^n+a_{n-1}x^{n-1}+\cdots+a_1x+a_0$ 有

$$\begin{aligned}\lim_{x\to x_0}P_n(x)&=\lim_{x\to x_0}(a_nx^n+a_{n-1}x^{n-1}+\cdots+a_1x+a_0)\\&=a_n(\lim_{x\to x_0}x)^n+a_{n-1}(\lim_{x\to x_0}x)^{n-1}+\cdots+a_1\lim_{x\to x_0}x+a_0\\&=a_nx_0^n+a_{n-1}x_0^{n-1}+\cdots+a_nx_0+a_0\\&=P_n(x_0)\end{aligned}$$

即多项式函数在一点的极限等于该多项式函数在这点的函数值。

例 2 求 $\lim\limits_{x\to 2}\dfrac{2x^4+3x}{x^2-x-1}$。

解 $\lim\limits_{x\to 2}\dfrac{2x^4+3x}{x^2-x-1}=\dfrac{\lim\limits_{x\to 2}(2x^4+3x)}{\lim\limits_{x\to 2}(x^2-x-1)}=\dfrac{2\times 2^4+3\times 2}{2^2-2-1}=38$

一般地，对于有理分式函数

$$F(x)=\frac{P(x)}{Q(x)}$$

其中 $P(x)$ 和 $Q(x)$ 都是多项式，当 $Q(x_0)\neq 0$ 时有

$$\lim_{x\to x_0}F(x)=\lim_{x\to x_0}\frac{P(x)}{Q(x)}=\frac{\lim\limits_{x\to x_0}P(x)}{\lim\limits_{x\to x_0}Q(x)}=\frac{P(x_0)}{Q(x_0)}=F(x_0)$$

即有理分式函数在定义域内一点的极限等于该函数在这点的函数值。

例 3 求 $\lim\limits_{x\to 1}\dfrac{2x+1}{x^2+3x+2}$。

解 $\lim\limits_{x\to 1}\dfrac{2x+1}{x^2+3x+2}=\dfrac{2\times 1+1}{1^2+3\times 1+2}=\dfrac{1}{2}$

例 4 求下列极限

(1) $\lim\limits_{x\to 2}\dfrac{x^2-2x}{x^2+x-6}$　　(2) $\lim\limits_{x\to -2}\dfrac{x^2-4}{x+2}$。

解 (1)由于函数在 $x=2$ 点无定义，因此不能用上边的结论。通过分解因式，约去为零因子，

$$\lim_{x\to 2}\frac{x^2-2x}{x^2+x-6}=\lim_{x\to 2}\frac{x(x-2)}{(x-2)(x+3)}=\lim_{x\to 2}\frac{x}{x+3}=\frac{2}{5}$$

(2)由于函数在 $x=-2$ 点无定义，因此不能用上边的结论。通过分解因式，约去为零因子，

$$\lim_{x\to -2}\frac{x^2-4}{x+2}=\lim_{x\to -2}\frac{(x+2)(x-2)}{x+2}=\lim_{x\to -2}(x-2)=-4$$

例 5 求下列极限。

(1) $\lim\limits_{x\to 4}\dfrac{\sqrt{x}-2}{x-4}$　　(2) $\lim\limits_{x\to 1}\left(\dfrac{3}{1-x^3}-\dfrac{1}{1-x}\right)$

解 (1) 分子有理化得

$$\lim_{x\to 4}\frac{\sqrt{x}-2}{x-4}=\lim_{x\to 4}\frac{(\sqrt{x}-2)(\sqrt{x}+2)}{(x-4)(\sqrt{x}+2)}=\lim_{x\to 4}\frac{x-4}{(x-4)(\sqrt{x}+2)}=\lim_{x\to 4}\frac{1}{\sqrt{x}+2}=\frac{1}{4}$$

(2) 分母通分得

$$\lim_{x\to 1}\left(\frac{3}{1-x^3}-\frac{1}{1-x}\right)=\lim_{x\to 1}\frac{3-(1+x+x^2)}{(1-x)(1+x+x^2)}=\lim_{x\to 1}\frac{(2+x)(1-x)}{(1-x)(1+x+x^2)}=\lim_{x\to 1}\frac{2+x}{1+x+x^2}=1$$

二、复合函数的极限

定理 2(复合函数的极限) 设函数 $y=f[g(x)]$ 由函数 $y=f(u)$，$u=g(x)$ 复合而成，$y=f[g(x)]$ 在点 x_0 的某去心邻域内有定义，若 $\lim\limits_{x\to x_0}g(x)=u_0$，$\lim\limits_{u\to u_0}f(u)=A$，且存在 $\delta_0>0$，当 $x\in \mathring{U}(x_0,\delta_0)$ 时，有 $g(x)\neq u_0$，则

$$\lim_{x\to x_0}f[g(x)]=\lim_{u\to u_0}f(u)=A$$

例 6 计算 $\lim\limits_{x\to 1}e^{3x^2-2x+1}$。

解 $\lim\limits_{x\to 1}e^{3x^2-2x+1}=e^{\lim\limits_{x\to 1}(3x^2-2x+1)}=e^2$

例 7 计算 $\lim\limits_{x\to 5}\lg\dfrac{x^2-25}{x-5}$。

解 $\lim\limits_{x\to 5}\lg\dfrac{x^2-25}{x-5}=\lg\lim\limits_{x\to 5}\dfrac{x^2-25}{x-5}=\lg 10=1$

***例 8** 已知 $\lim\limits_{x\to 1}\dfrac{x^2+ax+b}{1-x}=5$，求 a 和 b。

解 由 $\lim\limits_{x\to 1}\dfrac{x^2+ax+b}{1-x}=5$，可知 $\lim\limits_{x\to 1}(x^2+ax+b)=0$

从而有 $1+a+b=0$，将 $b=-a-1$ 带入 $\lim\limits_{x\to 1}\dfrac{x^2+ax+b}{1-x}=5$ 中得，

$\lim\limits_{x\to 1}\dfrac{x^2+ax-a-1}{1-x}=\lim\limits_{x\to 1}\dfrac{x^2-1+a(x-1)}{1-x}=\lim\limits_{x\to 1}(-x-1-a)=5$，即 $a=-7$，$b=6$。

习题 1.4

1. 计算下列极限。

(1) $\lim\limits_{x\to -2}(3x^2-5x+2)$　　(2) $\lim\limits_{x\to\sqrt{3}}\dfrac{x^2-3}{x^4+x^2+1}$

(3) $\lim\limits_{x \to 2} \dfrac{x^2 - 3}{x - 2}$　　　　(4) $\lim\limits_{x \to 1} \dfrac{x^2 - 1}{2x^2 - x - 1}$

(5) $\lim\limits_{x \to 1} \left(\dfrac{3}{1 - x^3} - \dfrac{1}{1 - x} \right)$　　　　(6) $\lim\limits_{x \to -8} \dfrac{\sqrt{1 - x} - 3}{2 + \sqrt[3]{x}}$

第五节　极限存在准则与两个重要极限

本节首先介绍极限存在的准则，然后根据这两个准则推导出两个重要极限。

一、极限存在准则

准则Ⅰ(夹逼准则)　若在自变量的某个变化过程中恒有：

(1) $g(x) \leqslant f(x) \leqslant h(x)$，

(2) $\lim g(x) = A$，$\lim h(x) = A$，

则 $\lim f(x)$ 存在，且 $\lim f(x) = A$。

特别地，对于数列我们也有类似的夹逼准则。

准则Ⅰ′　如果数列 $\{x_n\}$、$\{y_n\}$ 及 $\{z_n\}$ 满足下列条件

(1) $y_n \leqslant x_n \leqslant z_n$（$n = 1, 2, 3 \cdots$），

(2) $\lim\limits_{n \to \infty} y_n = a$，$\lim\limits_{n \to \infty} z_n = a$，

则数列 $\{x_n\}$ 的极限存在，且 $\lim\limits_{n \to \infty} x_n = a$。

定义 1　如果数列 $\{x_n\}$ 满足 $x_1 \leqslant x_2 \leqslant \cdots \leqslant x_n \leqslant x_{n+1} \leqslant \cdots$，数列 $\{x_n\}$ 称为**单调增加数列**；如果数列 $\{x_n\}$ 满足 $x_1 \geqslant x_2 \geqslant \cdots \geqslant x_n \geqslant x_{n+1} \geqslant \cdots$，数列 $\{x_n\}$ 称为**单调减少数列**。单调增加数列和单调减少数列统称为**单调数列**。

准则Ⅱ　单调有界数列必有极限。

二、两个重要极限

1. $\lim\limits_{x \to 0} \dfrac{\sin x}{x} = 1$

证明　作单位圆如图所示，设 $\angle AOB = x \left(0 < x < \dfrac{\pi}{2}\right)$，点 A 处的切线与 OB 的延长线相交于 C，又 $BD \perp OA$，则

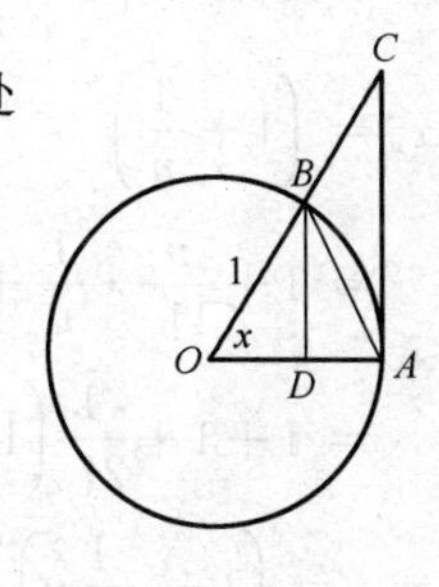

$$\sin x = BD,\ x = \overset{\frown}{AB},\ \tan x = AC$$

因为三角形 AOB 的面积<扇形 AOB 的面积<三角形 AOC 的面积

$$S_{\triangle AOB} = \frac{1}{2}\sin x,\ S_{扇AOB} = \frac{1}{2}x,\ S_{\triangle AOC} = \frac{1}{2}\tan x$$

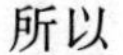

所以

$$\sin x < x < \tan x$$

从而

$$1 < \frac{x}{\sin x} < \frac{1}{\cos x} \text{ 或 } \cos x < \frac{\sin x}{x} < 1$$

因为当 x 用 $-x$ 代替时，$\cos x$ 与 $\frac{\sin x}{x}$ 都不变，所以上面的不等式对于 $-\frac{\pi}{2}<x<0$ 内的一切 x 也是成立的。

注意到
$$\lim_{x\to 0}1=1,\ \lim_{x\to 0}\cos x=1$$
由准则Ⅰ，得
$$\lim_{x\to 0}\frac{\sin x}{x}=1$$

例 1 求 $\lim\limits_{x\to 0}\frac{x}{\sin x}$。

解 $\lim\limits_{x\to 0}\frac{x}{\sin x}=\lim\limits_{x\to 0}\frac{1}{\frac{\sin x}{x}}=1$

例 2 求 $\lim\limits_{x\to 0}\frac{\sin 2x}{x}$。

解 $\lim\limits_{x\to 0}\frac{\sin 2x}{2x}\times 2=1\times 2=2$

例 3 求 $\lim\limits_{x\to 0}\frac{\tan x}{x}$。

解 $\lim\limits_{x\to 0}\frac{\tan x}{x}=\lim\limits_{x\to 0}\left[\frac{\sin x}{x}\,\frac{1}{\cos x}\right]=\lim\limits_{x\to 0}\frac{\sin x}{x}\cdot\lim\limits_{x\to 0}\frac{1}{\cos x}=1$

例 4 求 $\lim\limits_{x\to 0}\frac{1-\cos x}{x^2}$。

解 $\lim\limits_{x\to 0}\frac{1-\cos x}{x^2}=\lim\limits_{x\to 0}\frac{2\sin^2\frac{x}{2}}{x^2}=\frac{1}{2}\lim\limits_{x\to 0}\frac{\sin^2\frac{x}{2}}{\left(\frac{x}{2}\right)^2}=\frac{1}{2}\lim\limits_{x\to 0}\left(\frac{\sin\frac{x}{2}}{\frac{x}{2}}\right)^2=\frac{1}{2}$

2. $\lim\limits_{x\to\infty}\left(1+\frac{1}{x}\right)^x=\mathrm{e}$

*下面考虑 x 取正整数 n 而趋于 $+\infty$ 的情形。

设 $x_n=\left(1+\frac{1}{n}\right)^n$，我们来证数列 $\{x_n\}$ 单调增加且有界。按牛顿二项式公式，有

$$\begin{aligned}x_n&=\left(1+\frac{1}{n}\right)^n\\&=1+\frac{n}{1!}\cdot\frac{1}{n}+\frac{n(n-1)}{2!}\cdot\frac{1}{n^2}+\frac{n(n-1)(n-2)}{3!}\cdot\frac{1}{n^3}+\cdots+\frac{n(n-1)\cdots(n-n+1)}{n!}\cdot\frac{1}{n^n}\\&=1+1+\frac{1}{2!}\left(1-\frac{1}{n}\right)+\frac{1}{3!}\left(1-\frac{1}{n}\right)\left(1-\frac{2}{n}\right)+\cdots+\frac{1}{n!}\left(1-\frac{1}{n}\right)\left(1-\frac{2}{n}\right)\cdots\left(1-\frac{n-1}{n}\right)\end{aligned}$$

$$\begin{aligned}x_{n+1}&=\left(1+\frac{1}{n+1}\right)^{n+1}\\&=1+1+\frac{1}{2!}\left(1-\frac{1}{n+1}\right)+\frac{1}{3!}\left(1-\frac{1}{n+1}\right)\left(1-\frac{2}{n+1}\right)+\cdots+\frac{1}{n!}\left(1-\frac{1}{n+1}\right)\left(1-\frac{2}{n+1}\right)\\&\quad\cdots\left(1-\frac{n-1}{n+1}\right)+\frac{1}{(n+1)!}\left(1-\frac{1}{n+1}\right)\left(1-\frac{2}{n+1}\right)\cdots\left(1-\frac{n-1}{n+1}\right)\left(1-\frac{n}{n+1}\right)\end{aligned}$$

比较两式可得，$\{x_n\}$ 单调递增，即

$$x_n < x_{n+1}$$

又因为

$$x_n < 1+1+\frac{1}{2!}+\frac{1}{3!}+\cdots+\frac{1}{n!} < 1+1+\frac{1}{2}+\frac{1}{2^2}+\cdots+\frac{1}{2^{n-1}}$$

$$=1+\frac{1-\frac{1}{2^n}}{1-\frac{1}{2}}=3-\frac{1}{2^{n-1}}<3$$

即数列 $\{x_n\}$ 是有界的。由准则Ⅱ，可知数列 $\{x_n\}$ 极限的极限存在，通常用字母 e 表示该极限，即

$$\lim_{n\to\infty}\left(1+\frac{1}{n}\right)^n=\mathrm{e}$$

进一步，可以证明

$$\lim_{x\to+\infty}\left(1+\frac{1}{x}\right)^x=\mathrm{e} \text{ 和 } \lim_{x\to-\infty}\left(1+\frac{1}{x}\right)^x=\mathrm{e}$$

所以 $\lim\limits_{x\to\infty}\left(1+\frac{1}{x}\right)^x=\mathrm{e}$ 。

这个数 e 为无理数，它的值是

$$\mathrm{e}=2.718\,281\,828\,459\,045\cdots$$

该极限还可写为

$$\lim_{x\to 0}(1+x)^{\frac{1}{x}}=\mathrm{e}$$

例 5　求下列函数的极限。

(1) $\lim\limits_{x\to\infty}\left(1+\frac{1}{x}\right)^{2x}$　　(2) $\lim\limits_{x\to\infty}\left(1+\frac{3}{x}\right)^{x+1}$

(3) $\lim\limits_{x\to\infty}\left(1-\frac{2}{x}\right)^{x}$　　(4) $\lim\limits_{x\to 0^+}(1+2x)^{\frac{3}{x}}$

解　(1) $\lim\limits_{x\to\infty}\left(1+\frac{1}{x}\right)^{2x}=\lim\limits_{x\to\infty}\left[\left(1+\frac{1}{x}\right)^{x}\right]^2=\mathrm{e}^2$

(2) $\lim\limits_{x\to\infty}\left(1+\frac{3}{x}\right)^{x+1}=\lim\limits_{x\to\infty}\left(1+\frac{3}{x}\right)^{x}\cdot\left(1+\frac{3}{x}\right)=\lim\limits_{x\to\infty}\left[\left(1+\frac{1}{\frac{x}{3}}\right)^{\frac{x}{3}}\right]^3=\mathrm{e}^3$

(3) $\lim\limits_{x\to\infty}\left(1-\frac{2}{x}\right)^{x}=\lim\limits_{x\to\infty}\left(1+\frac{1}{-\frac{x}{2}}\right)^{-\frac{x}{2}\cdot -2}=\lim\limits_{x\to\infty}\left[\left(1+\frac{1}{-\frac{x}{2}}\right)^{-\frac{x}{2}}\right]^{-2}=\mathrm{e}^{-2}$

(4) $\lim\limits_{x\to 0}(1+2x)^{\frac{3}{x}}=\lim\limits_{x\to 0}(1+2x)^{\frac{1}{2x}\cdot 2\cdot 3}=\lim\limits_{x\to 0}[(1+2x)^{\frac{1}{2x}}]^6=\mathrm{e}^6$

例 6　求极限 $\lim\limits_{x\to 0}\frac{\ln(1+x)}{x}$ 。

解　$\lim\limits_{x\to 0}\frac{\ln(1+x)}{x}=\lim\limits_{x\to 0}\ln(1+x)^{\frac{1}{x}}=\ln[\lim\limits_{x\to 0}(1+x)^{\frac{1}{x}}]=\ln\mathrm{e}=1$

例 7 求极限 $\lim\limits_{x\to 0}\frac{e^x-1}{x}$。

解 $\lim\limits_{x\to 0}\frac{e^x-1}{x} \xlongequal{令 u=e^x-1} \lim\limits_{u\to 0}\frac{u}{\ln(1+u)}=1$

习题 1.5

1. 求下列极限。

(1) $\lim\limits_{x\to 0}\frac{\sin ax}{\sin bx}(b\neq 0)$　　(2) $\lim\limits_{x\to 0}\frac{2x-\sin x}{3x+\sin x}$

(3) $\lim\limits_{x\to 0}\frac{\arcsin 7x}{x}$　　(4) $\lim\limits_{x\to 0}\frac{\tan x-\sin x}{x}$

(5) $\lim\limits_{x\to 0}\frac{\tan x-\sin x}{\sin^3 x}$　　(6) $\lim\limits_{x\to a}\frac{\cos x-\cos a}{x-a}$

(7) $\lim\limits_{x\to\infty}x\sin\frac{1}{x}$

2. 求下列极限。

(1) $\lim\limits_{x\to\infty}\left(1+\frac{2}{x}\right)^x$　　(2) $\lim\limits_{x\to 0}\left(1-\frac{x}{2}\right)^{\frac{3}{x}}$

(3) $\lim\limits_{x\to\infty}\left(\frac{x-1}{x+1}\right)^x$　　(4) $\lim\limits_{x\to 0}(1+\sin 3x)^{\frac{1}{x}}$

3. 求下列极限。

(1) $\lim\limits_{x\to 0}\ln\frac{\sin x}{x}$　　(2) $\lim\limits_{x\to\infty}\ln\left(1+\frac{2}{x}\right)^x$

第六节　无穷小量与无穷大量

一、无穷小

定义 1　如果函数 $f(x)$ 在自变量 x 的某种变化过程中以零为极限，则称 $f(x)$ 是此变化过程中的**无穷小量**，简称**无穷小**。无穷小量通常用字母 α，β，$\gamma\cdots$ 表示。

例如：因为 $\lim\limits_{x\to 1}(x-1)=0$，所以则称 $x-1$ 是当 $x\to 1$ 时的无穷小量。

因为 $\lim\limits_{x\to\infty}\frac{1}{x^2}=0$，所以则称 $\frac{1}{x^2}$ 是当 $x\to\infty$ 时的无穷小量。

注　无穷小量是一个变量，不要把无穷小与很小的数混为一谈，任一非零常数无论多小，都不是无穷小量，在所有的常数中只有零可以被认为是无穷小量。

下面的定理说明无穷小与函数极限的关系。

定理 1　在自变量的同一变化过程中，极限 $\lim f(x)=A$ 的充要条件是

$$f(x)=A+\alpha(x)$$

其中 $\alpha(x)$ 是自变量的同一变化过程中的无穷小(即 $\lim\alpha(x)=0$)。

下面介绍无穷小量的性质。

性质1　有限个无穷小的和(差)仍是无穷小。

性质2　有界变量乘无穷小仍是无穷小。

推论　常数乘无穷小仍为无穷小。

性质3　有限个无穷小的乘积仍是无穷小。

例1　求极限 $\lim\limits_{x\to\infty}\dfrac{\sin 5x}{x}$。

解　因为 $|\sin 5x|\leqslant 1$，且 $\lim\limits_{x\to\infty}\dfrac{1}{x}=0$，由性质2可知，$\lim\limits_{x\to\infty}\dfrac{\sin 5x}{x}=0$。

例2　求下列极限

(1) $\lim\limits_{x\to\infty}\dfrac{\sin x}{x}$　(2) $\lim\limits_{x\to 0}\dfrac{\sin x}{x}$　(3) $\lim\limits_{x\to 2}\dfrac{\sin x}{x}$　(4) $\lim\limits_{x\to\frac{\pi}{2}}\dfrac{\sin x}{x}$

解　(1)因为 $|\sin x|\leqslant 1$，且 $\lim\limits_{x\to\infty}\dfrac{1}{x}=0$，由性质2可知，$\lim\limits_{x\to\infty}\dfrac{\sin x}{x}=0$(无穷小乘有界函数)。

(2) $\lim\limits_{x\to 0}\dfrac{\sin x}{x}=1$(重要极限)。

(3) $\lim\limits_{x\to 2}\dfrac{\sin x}{x}=\dfrac{\sin 2}{2}$(极限的运算法则)。

(4) $\lim\limits_{x\to\frac{\pi}{2}}\dfrac{\sin x}{x}=\dfrac{2}{\pi}$(极限的运算法则)。

二、无穷大

定义2　如果在自变量 x 某一变化过程中，$|f(x)|$ 无限增大，则称函数 $f(x)$ 为在该变化过程中的**无穷大量**，简称**无穷大**。

在自变量 x 某一变化过程中的无穷大的函数 $f(x)$，按函数定义来说，极限是不存在的，但为了便于叙述函数的这一性态，我们也说"函数的极限是无穷大"并记作

$$\lim f(x)=\infty\ (\text{此处指某变化过程})$$

例如：因为 $\lim\limits_{x\to 0}\dfrac{1}{x}=\infty$，所以称 $\dfrac{1}{x}$ 是当 $x\to 0$ 时的无穷大量。

特别地，若在某一变化过程中，$f(x)>0$ 且 $f(x)$ 无限增大，则称 $f(x)$ 为该变化过程中的**正无穷大量**，简称**正无穷大**，记为

$$\lim f(x)=+\infty$$

若在某一变化过程中，$f(x)<0$ 且 $f(x)$ 无限减小，则称 $f(x)$ 为该变化过程中的**负无穷大量**，简称**负无穷大**，记为

$$\lim f(x)=-\infty$$

注　无穷大是一个变量，不是数，不可与很大的数混为一谈。

三、无穷大与无穷小的关系

定理2　在自变量的某一变化过程中，若 $f(x)$ 为无穷大，则 $\dfrac{1}{f(x)}$ 为无穷小；若

$f(x)$ 为无穷小，且 $f(x)\neq 0$，则 $\dfrac{1}{f(x)}$ 为无穷大。

例 3 求 $\lim\limits_{x\to 2}\dfrac{x^2+3x}{x^2+x-6}$。

解 因为 $\lim\limits_{x\to 2}\dfrac{x^2+x-6}{x^2+3x}=0$，所以 $\lim\limits_{x\to 2}\dfrac{x^2+3x}{x^2+x-6}=\infty$。

例 4 求下列极限。

(1) $\lim\limits_{x\to\infty}\dfrac{3x^2+2}{7x^3+2x+1}$　(2) $\lim\limits_{x\to\infty}\dfrac{3x^4+1}{2x^3+5x+1}$　(3) $\lim\limits_{x\to\infty}\dfrac{2x^3+4}{6x^3+2x+1}$

解 此类极限为 $\dfrac{\infty}{\infty}$ 形式的未定式，我们通常采用的做法是，同除分母中 x 的最高次数。

(1) $\lim\limits_{x\to\infty}\dfrac{3x^2+2}{7x^3+2x+1}\xlongequal{\text{分子分母同除 } x^3}\lim\limits_{x\to\infty}\dfrac{\dfrac{3}{x}+\dfrac{2}{x^3}}{7+\dfrac{2}{x^2}+\dfrac{1}{x^3}}=\lim\limits_{x\to\infty}\dfrac{0}{7}=0$；

(2) $\lim\limits_{x\to\infty}\dfrac{3x^4+1}{2x^3+5x+1}=\lim\limits_{x\to\infty}\dfrac{3+\dfrac{1}{x^4}}{\dfrac{2}{x}+\dfrac{5}{x^3}+\dfrac{1}{x^4}}=\infty$；

(3) $\lim\limits_{x\to\infty}\dfrac{2x^3+4}{6x^3+2x+1}=\lim\limits_{x\to\infty}\dfrac{2+\dfrac{4}{x^3}}{6+\dfrac{2}{x^2}+\dfrac{1}{x^3}}=\dfrac{1}{3}$。

由例 4 推广为一般情况：

$$\lim_{x\to\infty}\frac{a_m x^m+a_{m-1}x^{m-1}+\cdots+a_1x+a_0}{b_n x^n+b_{n-1}x^{n-1}+\cdots+b_1x+b_0}=\begin{cases}\dfrac{a_m}{b_n}, & n=m\\ 0, & n>m\\ \infty, & n<m\end{cases}$$

四、无穷小的比较

在无穷小的性质中我们发现，有限个无穷小量的和、差、积仍是无穷小。为了研究两个无穷小的商，我们先观察下例。

$x\to\infty$ 时，$\dfrac{1}{x}$，$\dfrac{1}{2x}$，$\dfrac{1}{x^2}$ 都是无穷小，但 $\lim\limits_{x\to\infty}\dfrac{\dfrac{1}{x}}{\dfrac{1}{2x}}=\lim\limits_{x\to\infty}2=2$，$\lim\limits_{x\to\infty}\dfrac{\dfrac{1}{x}}{\dfrac{1}{x^2}}=\lim\limits_{x\to\infty}x=\infty$，

$\lim\limits_{x\to\infty}\dfrac{\dfrac{1}{x^2}}{\dfrac{1}{x}}=\lim\limits_{x\to\infty}\dfrac{1}{x}=0$。

因此，两个无穷小的商的极限具有不确定性，我们称此类分式的极限为 $\frac{0}{0}$ 型未定式。另外，同是趋向于0，但 $x \to \infty$ 时，$\frac{1}{x^2}$ 比 $\frac{1}{x}$ 趋于零的速度要快。因此，下面我们引入"阶"的概念，"阶"反应了无穷小趋于0的快慢速度。

定义 3　设 α，β 是自变量的同一变化过程中的两个无穷小量，

(1) 若 $\lim \frac{\beta}{\alpha}=0$，则称 β 是比 α **高阶的无穷小**，记为 $\beta=o(\alpha)$，或称 α 是比 β **低阶的无穷小**。

(2) 若 $\lim \frac{\beta}{\alpha}=c(c \neq 0)$，则称 β 与 α 是**同阶的无穷小**。特别地，若 $c=1$ 即 $\lim \frac{\beta}{\alpha}=1$，则称 β 与 α 是**等价无穷小**，记为 $\alpha \sim \beta$。

显然，等价无穷小是同阶无穷小的特殊情形。

因为 $\lim\limits_{x \to \infty} \frac{\frac{1}{x}}{\frac{1}{2x}}=\lim\limits_{x \to \infty} 2=2$，所以 $x \to +\infty$ 时，$\frac{1}{x}$ 和 $\frac{1}{2x}$ 是同阶无穷小。

因为 $\lim\limits_{x \to \infty} \frac{\frac{1}{x^2}}{\frac{1}{x}}=\lim\limits_{x \to \infty} \frac{1}{x}=0$，所以 $x \to \infty$ 时，$\frac{1}{x^2}$ 是比 $\frac{1}{x}$ 高阶的无穷小。

五、利用等价无穷小求极限

定理　设 α，α'，β，β' 为同一变化过程的无穷小，且 $\alpha \sim \alpha'$，$\beta \sim \beta'$，$\lim \frac{\beta'}{\alpha'}$ 存在，则

$$\lim \frac{\beta}{\alpha}=\lim \frac{\beta'}{\alpha'}$$

证明　$\lim \frac{\beta}{\alpha}=\lim\left(\frac{\beta}{\beta'} \cdot \frac{\beta'}{\alpha'} \cdot \frac{\alpha'}{\alpha}\right)=\lim \frac{\beta'}{\alpha'}$。

该定理表明，计算极限时涉及无穷小的商或乘积，其中的无穷小都可以用各自的等价无穷小代替。

例 5　求极限 $\lim\limits_{x \to 0} \frac{\sin 3x}{\tan 5x}$。

解　由于 $x \to 0$ 时，$\sin 3x \sim 3x$，$\tan 5x \sim 5x$，故有

$$\lim_{x \to 0} \frac{\sin 3x}{\tan 5x}=\lim_{x \to 0} \frac{3x}{5x}=\frac{3}{5}$$

为了应用方便，我们把一些等价无穷小列举如下。

$x \to 0$ 时，$x \sim \sin x \sim \tan x \sim \arcsin x \sim \arctan x \sim \ln(1+x) \sim \mathrm{e}^x-1$，$1-\cos x \sim$

$\frac{1}{2}x^2$，$\sqrt[n]{1+x}-1 \sim \frac{1}{n}x$ 等。

例 6 计算极限 $\lim\limits_{x\to 0}\frac{\sqrt[3]{1+5x}-1}{\ln(1+5x)}$。

解 $\lim\limits_{x\to 0}\frac{\sqrt[3]{1+5x}-1}{\ln(1+5x)}=\lim\limits_{x\to 0}\frac{\frac{5x}{3}}{5x}=\frac{1}{3}$

例 7 判断极限计算的正确性。

$$\lim_{x\to 0}\frac{\tan x-\sin x}{\sin^3 x}=\lim_{x\to 0}\frac{x-x}{x^3}=0$$

解 该极限的计算是错误的。因为等价无穷小的代换只有在商或乘积时才可以使用。该极限的正确求法为

$$\text{原式}=\lim_{x\to 0}\frac{1-\cos x}{\cos x\sin^2 x}=\lim_{x\to 0}\frac{\frac{1}{2}x^2}{x^2\cos x}=\frac{1}{2}。$$

习题 1.6

1. 当 $x\to 0$ 时，下列变量中哪些是无穷小量？哪些是无穷大量？

(1) $y=100x^2$　　(2) $y=\frac{1}{x^2}$

(3) $y=\frac{x-1}{x+1}$　　(4) $y=e^x-1$

(5) $y=\cot 3x$　　(6) $y=\sqrt{x^3+1}-1$

2. 求下列极限。

(1) $\lim\limits_{x\to\infty}\frac{\cos x}{x}$　　(2) $\lim\limits_{x\to 0}x\sin\frac{1}{x}$

(3) $\lim\limits_{x\to 2}\frac{5x+1}{x-2}$　　(4) $\lim\limits_{n\to+\infty}\frac{2+(-1)^n}{n^2}$

3. $y=\frac{1}{(x-1)^2}$ 在什么变化过程中是无穷大量？又在什么变化过程中是无穷小量？

4. 计算下列极限。

(1) $\lim\limits_{x\to\infty}\frac{2x+5}{6x-2}$　　(2) $\lim\limits_{x\to\infty}\frac{1000x-5}{x^2+2x+1}$

(3) $\lim\limits_{x\to\infty}\frac{2x^3+3x^2+4x-1}{5x^2-6x-3}$　　(4) $\lim\limits_{x\to\infty}\frac{x^2+1}{x^3+x}(3+\cos x)$

5. 利用等价无穷小代换求下列极限。

(1) $\lim\limits_{x\to 0}\frac{\ln(1+3x)}{\arcsin 4x}$　　(2) $\lim\limits_{x\to 0}\frac{1-\cos x}{x\sin x}$

(3) $\lim\limits_{x\to 0}\dfrac{\sqrt[3]{3x^2+1}-1}{\ln(x^2+1)}$　　(4) $\lim\limits_{x\to 0}\dfrac{\tan x-\sin x}{\sqrt{2+x^2}(e^{x^3}-1)}$

(5) $\lim\limits_{x\to a}\dfrac{\cos x-\cos a}{x-a}$　　(6) $\lim\limits_{x\to 0^+}\dfrac{1-\sqrt{\cos x}}{x(1-\cos\sqrt{x})}$

第七节　函数的连续性

现实世界中观察到的许多现象都是连续变化的，如气温的变化、植物生长的变化等。这种现象在函数关系上的反应，就是函数的连续性。例如，就气温的变化来看，当时间变动微小时，气温的变化也很微小，这种特点就是所谓的连续性。

本节介绍函数连续的概念、间断点的分类、初等函数的连续性以及闭区间上连续函数的性质。

一、函数的连续性

设变量 t 从初值 t_1 变化到终值 t_2，则 $\Delta t=t_2-t_1$ 称为变量 t 的**改变量**。

注意　Δt 可正可负，也可以为零。

定义 1　设函数 $y=f(x)$ 在 x_0 的某一邻域内有定义，当自变量 x 从 x_0 变化到 $x_0+\Delta x$ 时，函数相应的改变量为 $\Delta y=f(x_0+\Delta x)-f(x_0)$，若

$$\lim_{\Delta x\to 0}\Delta y=\lim_{\Delta x\to 0}[f(x_0+\Delta x)-f(x_0)]=0 \tag{7-1}$$

则称函数 $y=f(x)$ 在点 x_0 **连续**。

若设 $x=x_0+\Delta x$，则 $\Delta x\to 0$ 时，$x\to x_0$，则(7-1)式可改写为

$$\lim_{x\to x_0}[f(x)-f(x_0)]=0$$

由此可得连续的另一等价定义。

定义 2　设函数 $y=f(x)$ 在 x_0 的某一邻域内有定义，如果

$$\lim_{x\to x_0}f(x)=f(x_0)$$

则称函数 $y=f(x)$ 在点 x_0 处连续。

下面定义左右连续的概念

若 $\lim\limits_{x\to x_0^+}f(x)=f(x_0)$，则称函数 $f(x)$ 在 x_0 **右连续**。

若 $\lim\limits_{x\to x_0^-}f(x)=f(x_0)$，则称函数 $f(x)$ 在 x_0 **左连续**。

显然，函数 $f(x)$ 在 x_0 处连续的充要条件为：$f(x)$ 在 x_0 右连续且左连续。写成定理的形式如下。

定理 1　$f(x)$ 在 x_0 处连续$\Leftrightarrow \lim\limits_{x\to x_0^+}f(x)=f(x_0)=\lim\limits_{x\to x_0^-}f(x)$。

定义 3　若函数 $y=f(x)$ 在某区间上每一点都连续，则称函数 $y=f(x)$ 在该区间上连续，或者说函数 $y=f(x)$ 为该区间上的连续函数。

连续函数的图形是一条连绵不间断的曲线。

定义 4　若函数 $f(x)$ 在开区间 (a,b) 内连续，且在左端点 a 右连续，在右端点 b 左连续，则称函数 $f(x)$ 在**闭区间** $[a,b]$ **上连续**。

例 1 证明函数 $y=\sin x$ 在 $(-\infty, +\infty)$ 内连续。

证明 对于 $\forall x\in(-\infty, +\infty)$，给 x 改变量 Δx，则函数的改变量为

$$\Delta y=\sin(x+\Delta x)-\sin x=2\sin\frac{\Delta x}{2}\cos\left(x+\frac{\Delta x}{2}\right)$$

因为 $\lim\limits_{\Delta x\to 0}2\sin\frac{\Delta x}{2}=0$，$\left|\cos\left(x+\frac{\Delta x}{2}\right)\right|\leqslant 1$，故 $\lim\limits_{\Delta x\to 0}\Delta y=0$。

由定义可知，函数 $y=\sin x$ 在 $(-\infty, +\infty)$ 内连续。

同理可证，$\cos x$ 在 $(-\infty, +\infty)$ 内连续，指数函数、对数函数都在定义域内连续。

二、函数的间断点

函数连续性的定义是相当严格的，由定义 2 可知，函数 $f(x)$ 在点 x_0 处连续必须满足三个条件：

(1) $f(x)$ 在 x_0 点处有定义；

(2) $\lim\limits_{x\to x_0}f(x)$ 存在；

(3) $\lim\limits_{x\to x_0}f(x)=f(x_0)$

如果三个条件中有一个不满足，则函数 $f(x)$ 在 x_0 点处就是不连续的，即是间断的。

定义 5 若函数 $y=f(x)$（在 x_0 的某个去心邻域内有定义）在 x_0 处不连续，则称点 x_0 为 $f(x)$ 的间断点。

$f(x)$ 在 x_0 处间断，可能由以下原因引起。

(1) $f(x)$ 在 x_0 点无定义。

(2) $\lim\limits_{x\to x_0}f(x)$ 不存在。

(3) $f(x)$ 在 x_0 点有定义，且 $\lim\limits_{x\to x_0}f(x)$ 存在，但

$$\lim_{x\to x_0}f(x)\neq f(x_0)$$

根据单侧极限的存在性，可将间断点分为两类。

定义 6 如果 x_0 是函数 $f(x)$ 的间断点，且函数 $y=f(x)$ 在 x_0 处左右极限都存在，则称 x_0 为 $f(x)$ 的**第一类间断点**。除第一类间断点的所有间断点称为**第二类间断点**。

对于第一类间断点，$\lim\limits_{x\to x_0^-}f(x)$ 与 $\lim\limits_{x\to x_0^+}f(x)$ 都存在，函数间断的原因可分为两类。

(1) $\lim\limits_{x\to x_0^-}f(x)\neq\lim\limits_{x\to x_0^+}f(x)$，此时称 x_0 为**跳跃间断点**。

例如，$y=\begin{cases}x & x\geqslant 1\\ x-1 & x<1\end{cases}$ 如图 1-24 所示，在 $x=1$ 处有 $\lim\limits_{x\to 1^-}f(x)=0$，$\lim\limits_{x\to 1^+}f(x)=1$，故 $x=1$ 为第一类间断点中的跳跃间断点。

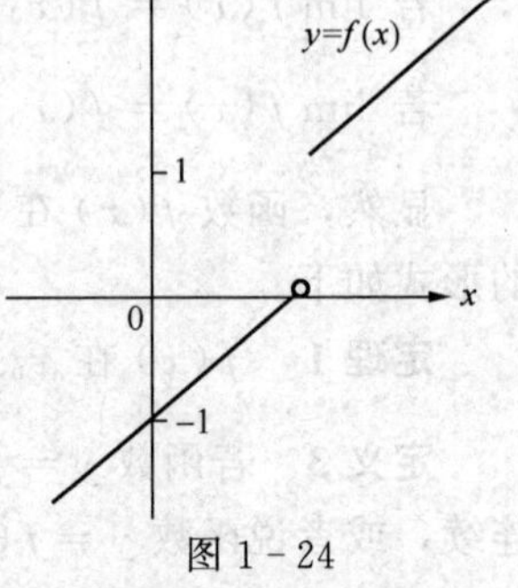

图 1-24

(2) $\lim\limits_{x\to x_0^-}f(x)=\lim\limits_{x\to x_0^+}f(x)\neq f(x_0)$，或 $f(x_0)$ 无定义，则称 x_0 为**可去间断点**。

此时，只需改变 $f(x)$ 在 x_0 点的定义，令 $f(x_0)=\lim\limits_{x\to x_0}f(x)$，修改后的函数就在 x_0 点连续。

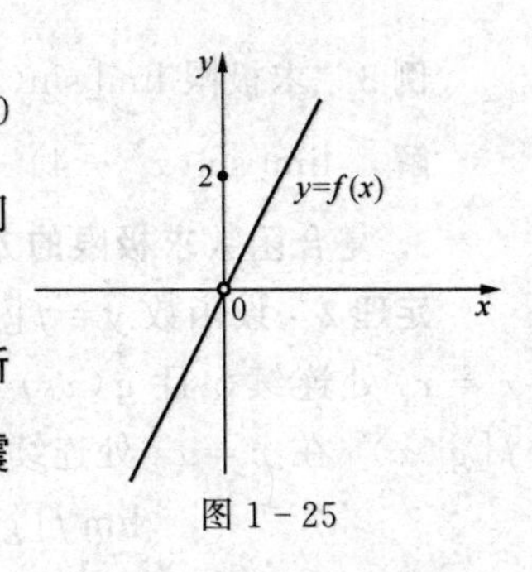

图 1-25

例如，$f(x)=\begin{cases}2x, & x\neq 0\\ 2, & x=0\end{cases}$，如图 1-25 所示，在 $x=0$ 处有 $\lim\limits_{x\to 0}f(x)=0\neq f(0)$，故 $x=0$ 为第一类间断点中的可去间断点。

在第二类间断点中，若 $\lim\limits_{x\to x_0}f(x)=\infty$，称 x_0 为**无穷间断点**。若在 $x\to x_0$ 过程中，$f(x)$ 反复震荡不收敛，则称 x_0 为**震荡间断点**。

例如，函数 $y=\tan x$，在 $x=\dfrac{\pi}{2}$ 处无定义，且 $\lim\limits_{x\to\frac{\pi}{2}}\tan x=\infty$，所以 $x=\dfrac{\pi}{2}$ 是函数 $\tan x$ 无穷间断点，如图 1-26 所示；$x=0$ 为函数 $f(x)=\sin\dfrac{1}{x}$ 的震荡间断点，如图 1-27 所示。

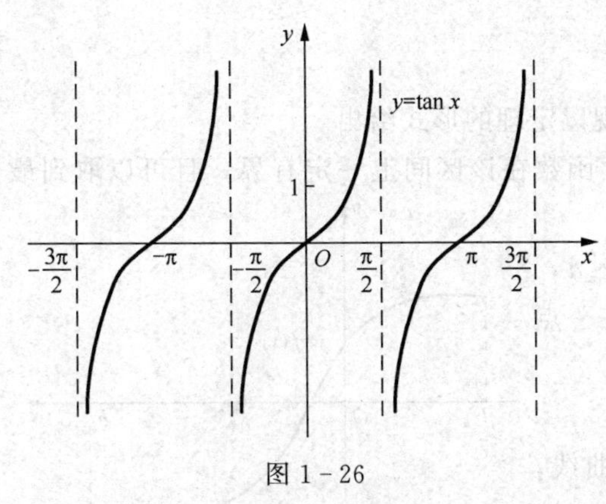

图 1-26

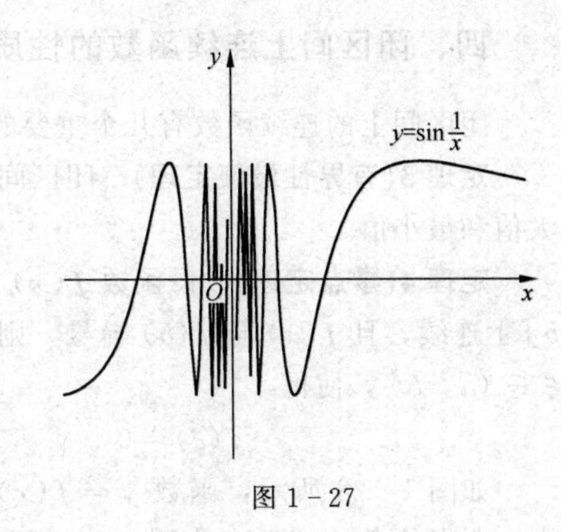

图 1-27

三、初等函数的连续性

1. 初等函数的连续性

显然，基本初等函数在其定义域内都是连续的，可以证明初等函数在其定义区间内都是连续的。因此求初等函数的连续区间就是求其定义域区间。关于分段函数的连续性，除按上述结论考虑每一段函数的连续性外，还必须讨论分界点处的连续性。

2. 利用函数的连续性求极限

设 $f(x)$ 在 x_0 处连续，则知

$$\lim_{x\to x_0}f(x)=f(x_0)$$

即求连续函数的极限，可归结为计算函数值。

例 2　求极限 $\lim\limits_{x\to\frac{\pi}{2}}\ln(\sin x)$。

解　因为 $\ln(\sin x)$ 在 $x=\dfrac{\pi}{2}$ 处连续，故有

$$\lim_{x\to\frac{\pi}{2}}\ln(\sin x)=\ln\left(\sin\frac{\pi}{2}\right)=\ln 1=0$$

例 3 求极限 $\lim\limits_{x \to 2}[\sin(x^2-4)+\lg(x+8)]$。

解 $\lim\limits_{x \to 2}[\sin(x^2-4)+\lg(x+8)]=\sin 0+\lg 10=1$。

3. 复合函数求极限的方法

定理 2 设函数 $y=f[g(x)]$ 是由 $y=f(u)$ 与 $u=g(x)$ 复合而成的。若 $u=g(x)$ 在 $x=x_0$ 处连续，且 $g(x_0)=u_0$，而函数 $y=f(u)$ 在 $u=u_0$ 处连续，则复合函数 $y=f[g(x)]$ 在 $x=x_0$ 处连续，即

$$\lim_{x \to x_0} f[g(x)]=f[g(x_0)]=f(u_0)=f[\lim_{x \to x_0} g(x)]$$

注 求复合函数极限时，函数符号与极限符号可以交换位置。

例 4 求极限 $\lim\limits_{x \to 0}\dfrac{\ln(1+x)}{x}$。

解 $\lim\limits_{x \to 0}\dfrac{\ln(1+x)}{x}=\lim\limits_{x \to 0}\ln(1+x)^{\frac{1}{x}}=\ln[\lim\limits_{x \to 0}(1+x)^{\frac{1}{x}}]=\ln e=1$

四、闭区间上连续函数的性质

闭区间上的连续函数有几个重要的性质，现以定理的形式给出。

定理 3(有界性最值定理) 闭区间上的连续函数在该区间上一定有界，且可以取到最大值和最小值。

定理 4(零点定理) 设函数 $f(x)$ 在闭区间 $[a, b]$ 上连续，且 $f(a)$ 与 $f(b)$ 异号，则至少存在一点 $\xi \in (a, b)$，使得

$$f(\xi)=0$$

如图 1-28 所示，函数 $y=f(x)$ 对应的曲线，由 x 轴的下侧连续地变化到上侧，至少要经过 x 轴一次。

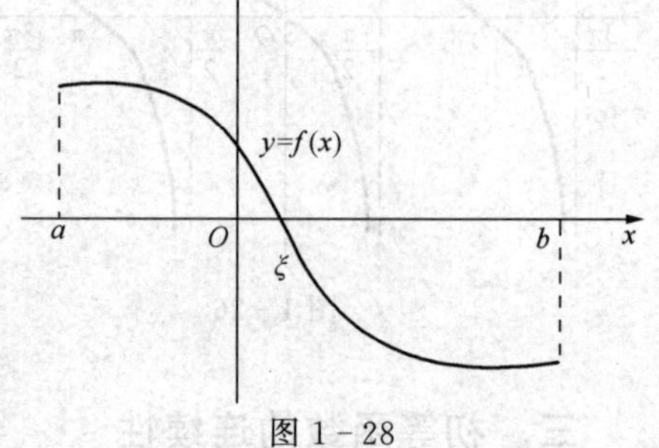

图 1-28

定理 5(介值定理) 若函数 $f(x)$ 在闭区间 $[a, b]$ 上连续，m 和 M 分别为 $f(x)$ 在 $[a, b]$ 上的最小值与最大值，则对于介于最小值 m 与最大值 M 之间的任一实数 C(即 $m<C<M$)，至少存在一点 $\xi \in (a, b)$，使得 $f(\xi)=C$。

在图 1-29 中，对于 $m<C<M$，存在 $x_1, x_2 \in (a, b)$，使得

$$f(x_1)=f(x_2)=C$$

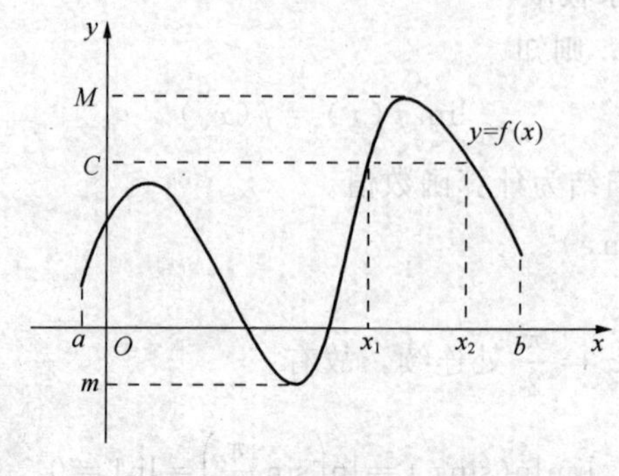

图 1-29

例 5　证明方程 $x^3-x^2+1=0$ 在区间 $(-1, 1)$ 内至少有一个根。

证明　设函数 $f(x)=x^3-x^2+1$，则函数在闭区间 $[-1, 1]$ 上连续，且 $f(-1)=-1$，$f(1)=1$，由零点定理可知，至少存在一点 $\xi\in(-1, 1)$，使得

$$f(\xi)=0$$

即 ξ 为方程的根。故方程 $x^3-x^2+1=0$ 在区间 $(-1, 1)$ 内至少有一个根。

习题 1.7

*1. 证明下列函数在 $(-\infty, +\infty)$ 内是连续函数。

(1) $y=3x^2+1$　　(2) $y=\cos x$

2. 判断下列函数在 $x=0$ 处是否连续。

(1) $f(x)=\begin{cases} x^2\sin\dfrac{1}{x} & x>0 \\ 0 & x=0 \\ \tan 2x & x<0 \end{cases}$　　(2) $f(x)=\begin{cases} x-1 & x\leqslant 0 \\ x^2 & x>0 \end{cases}$

3. 已知函数 $f(x)=\begin{cases} \dfrac{\sin 3x}{x} & x>0 \\ a & x=0 \\ 2(x+1)+b & x<0 \end{cases}$ 在 $x=0$ 处连续，求 a，b。

4. 求下列函数的间断点，并说明其类型。

(1) $f(x)=\dfrac{1}{(x+2)^4}$　　(2) $f(x)=\dfrac{x^2-1}{x^2-3x+2}$

(3) $f(x)=\dfrac{\sin x}{x}$　　(4) $f(x)=\begin{cases} x+2 & x>0 \\ 2x-1 & x\leqslant 0 \end{cases}$

(5) $f(x)=\begin{cases} \dfrac{1-x^2}{1-x} & x\neq 1 \\ 0 & x=1 \end{cases}$

5. 证明方程 $x^3-3x-x+3=0$ 在区间 $(-2, 0)$，$(0, 2)$，$(2, 4)$ 内各有一个实根。

6. 证明方程 $x2^x=1$ 在 $(0, 1)$ 内至少有一实根。

7. 求下列极限

(1) $\lim\limits_{x\to 0}\dfrac{\ln(1+x^2)}{\sin(1+x^2)}$　　(2) $\lim\limits_{x\to 0}\left[\dfrac{\lg(100+x)}{a^x+\arcsin x}\right]^{\frac{1}{2}}$

第二章

导数与微分

本章将以极限理论为基础，研究一元微分学的两个基本概念——导数与微分及其计算方法。

第一节 导数概念

我们在解决实际问题时，除了需要了解变量之间的函数关系以外，有时还需要研究变量变化快慢的程度。例如，物体运动的速度、城市人口增长的速度、国民经济发展的速度、劳动生产率，等等。只有在掌握导数概念以后，才能更好地说明这些量的变化情况。下面先看两个实际例题。

一、引例

1. 变速直线运动的瞬时速度

设质点沿直线作变速运动，其运动规律为 $s=s(t)$，其中 t 表示时间，s 表示质点 P 经过时间 t 所走过的路程，$s(t)$ 为 t 的连续函数，求 t 时刻质点的速度。

首先考虑从时刻 t 至 $t+\Delta t$ 这段时间内质点的平均速度

$$\bar{v}=\frac{\Delta s}{\Delta t}=\frac{s(t+\Delta t)-s(t)}{\Delta t} \tag{1-1}$$

如果质点作匀速直线运动，上式是一个常量。但在变速运动中，这个比值既与 t 有关，又与 Δt 有关。当 Δt 很小时，可以用 $\bar{v}$ 近似表示质点在时刻 t 的速度，但这样说还不够精确。当 $\Delta t\to 0$ 时，取(1－1)式的极限，如果这个极限存在，记作 v，即

$$v=\lim_{\Delta t\to 0}\frac{s(t+\Delta t)-s(t)}{\Delta t}$$

此时称这个极限值 v 为质点在时刻 t 的瞬时速度。

2. 切线问题

设有曲线 C 及 C 上的两点 M 和 N，做割线 MN。当点 N 沿曲线 C 趋于点 M 时，如果割线 MN 绕点 M 旋转而趋于极限位置 MT，则称直线 MT 为曲线 C 在点 M 处的切线，如图 2－1 所示。

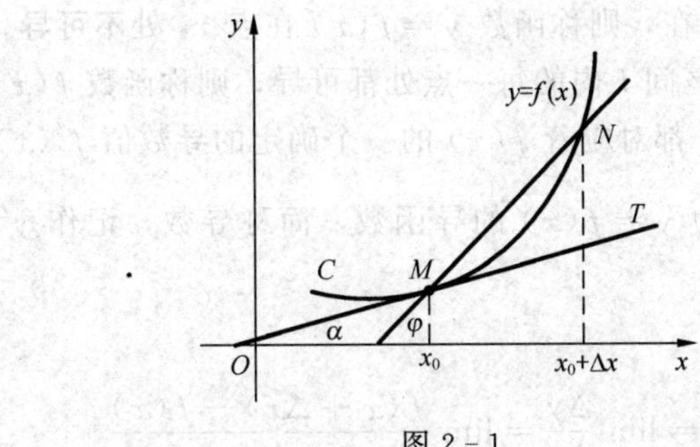

图 2－1

设曲线 C 的方程为 $y=f(x)$，在 C 上取点 $M(x_0, y_0)$ 和点 $N(x_0+\Delta x, y_0+\Delta y)$，设割线 MN 的倾角为 φ，则割线 MN 的斜率为

$$\tan\varphi=\frac{\Delta y}{\Delta x}=\frac{f(x_0+\Delta x)-f(x_0)}{\Delta x}$$

当点 N 沿曲线 C 趋于点 M 时，$\Delta x\to 0$，$\varphi\to\alpha$，其中 α 是切线 MT 的倾斜角。如果当 $\Delta x\to 0$ 时，上式的极限存在，设为 k，即

$$k=\tan\alpha=\lim_{\varphi\to\alpha}\tan\varphi=\lim_{\Delta x\to 0}\frac{f(x_0+\Delta x)-f(x_0)}{\Delta x}$$

存在，则称此极限为切线 MT 的**斜率**。

以上两个问题最终都归结为求当自变量的改变量趋于零时，函数改变量与自变量改变量之比的极限问题。由此，我们可以抽象出函数导数的概念。

二、导数的定义

定义 1 设函数 $y=f(x)$ 在点 x_0 的某个邻域 $U(x_0)$ 内有定义，当自变量 x 在 x_0 处取得改变量 $\Delta x(x_0+\Delta x\in U(x_0))$ 时，相应函数的改变量为

$$\Delta y=f(x_0+\Delta x)-f(x_0)$$

若 Δy 与 Δx 之比当 $\Delta x\to 0$ 时的极限

$$\lim_{\Delta x\to 0}\frac{\Delta y}{\Delta x}=\lim_{\Delta x\to 0}\frac{f(x_0+\Delta x)-f(x_0)}{\Delta x} \tag{1-2}$$

存在，则称函数 $y=f(x)$ 在点 x_0 处**可导**，并称这个极限为函数 $y=f(x)$ 在点 x_0 处的**导数**，记为 $f'(x_0)$，即

$$f'(x_0)=\lim_{\Delta x\to 0}\frac{\Delta y}{\Delta x}=\lim_{\Delta x\to 0}\frac{f(x_0+\Delta x)-f(x_0)}{\Delta x} \tag{1-3}$$

也可记作 $y'\Big|_{x=x_0}$，$\dfrac{\mathrm{d}y}{\mathrm{d}x}\Big|_{x=x_0}$ 或 $\dfrac{\mathrm{d}f(x)}{\mathrm{d}x}\Big|_{x=x_0}$。

导数的定义式(1－3)也可采用不同的表达形式，常用的有

$$f'(x_0)=\lim_{h\to 0}\frac{f(x_0+h)-f(x_0)}{h} \qquad (h=\Delta x)$$

或

$$f'(x_0)=\lim_{x\to x_0}\frac{f(x)-f(x_0)}{x-x_0}$$

如果式(1-2)的极限不存在，则称函数 $y=f(x)$ 在点 x_0 处**不可导**。

如果函数 $y=f(x)$ 在开区间 I 内的每一点处都可导，则称函数 $f(x)$ 在**开区间 I 内可导**。此时，对于任一 $x\in I$，都对应着 $f(x)$ 的一个确定的导数值 $f'(x)$，这样就构成了一个新的函数，这个函数称为 $y=f(x)$ 的导函数，简称导数，记作 y'，$f'(x)$，$\frac{dy}{dx}$ 或 $\frac{df(x)}{dx}$，即

$$f'(x)=\lim_{\Delta x\to 0}\frac{\Delta y}{\Delta x}=\lim_{\Delta x\to 0}\frac{f(x+\Delta x)-f(x)}{\Delta x}$$

由以上定义可知，函数 $y=f(x)$ 在点 x_0 处的导数 $f'(x_0)$ 就是导函数 $f'(x)$ 在点 $x=x_0$ 处的函数值，即 $f'(x_0)=f'(x)\big|_{x=x_0}$。

由导数定义可知，作变速直线运动的质点在某时刻 $t=t_0$ 的速度 $v(t_0)=s'(t_0)=\frac{ds}{dt}\Big|_{t=t_0}$；曲线 $y=f(x)$ 在点 $M(x_0,y_0)$ 处的切线斜率为 $k=f'(x_0)$。

1. 求导数举例

下面我们根据导数定义来求一些简单函数的导数。

例 1 求函数 $f(x)=x^2$ 在 $x_0=1$ 处的导数 $f'(1)$。

解 $f'(1)=\lim\limits_{\Delta x\to 0}\frac{f(1+\Delta x)-f(1)}{\Delta x}=\lim\limits_{\Delta x\to 0}\frac{(1+\Delta x)^2-1}{\Delta x}=\lim\limits_{\Delta x\to 0}(2+\Delta x)=2$。

例 2 求函数 $f(x)=C$（C 为常数）的导数。

解 $f'(x)=\lim\limits_{h\to 0}\frac{f(x+h)-f(x)}{h}=\lim\limits_{h\to 0}\frac{C-C}{h}=0$。

例 3 求函数 $f(x)=\sin x$ 的导数。

解 $(\sin x)'=\lim\limits_{h\to 0}\frac{\sin(x+h)-\sin x}{h}=\lim\limits_{h\to 0}\cos\left(x+\frac{h}{2}\right)\cdot\frac{\sin\frac{h}{2}}{\frac{h}{2}}=\cos x$，

即

$$(\sin x)'=\cos x$$

类似可求得 $(\cos x)'=-\sin x$。

例 4 求函数 $f(x)=x^n$（n 为正整数）的导数。

解 $(x^n)'=\lim\limits_{h\to 0}\frac{(x+h)^n-x^n}{h}=\lim\limits_{h\to 0}\left[nx^{n-1}+\frac{n(n-1)}{2!}x^{n-2}h+\cdots+h^{n-1}\right]=nx^{n-1}$

即 $(x^n)'=nx^{n-1}$。

更一般地，有 $(x^\mu)'=\mu x^{\mu-1}$（$\mu\in R$）。

例如，

当 $\mu=\frac{1}{2}$ 时，$(x^{\frac{1}{2}})'=\frac{1}{2}x^{\frac{1}{2}-1}=\frac{1}{2}x^{-\frac{1}{2}}$，即 $(\sqrt{x})'=\frac{1}{2\sqrt{x}}$。

当 $\mu=-1$ 时，$(x^{-1})'=(-1)x^{-1-1}=-x^{-2}$，即 $\left(\frac{1}{x}\right)'=-\frac{1}{x^2}$（$x\neq 0$）。

例 5 求函数 $f(x)=a^x(a>0,\ a\neq 1)$ 的导数。

解　$(a^x)'=\lim\limits_{h\to 0}\dfrac{a^{x+h}-a^x}{h}=a^x\lim\limits_{h\to 0}\dfrac{a^h-1}{h}=a^x\lim\limits_{h\to 0}\dfrac{h\ln a}{h}=a^x\ln a$

即 $(a^x)'=a^x\ln a$ 。

特别地，当 $a=\mathrm{e}$ 时，因为 $\ln\mathrm{e}=1$，所以 $(\mathrm{e}^x)'=\mathrm{e}^x$ 。

例 6　求函数 $y=\log_a x$ 的导数。

解　$(\log_a x)'=\lim\limits_{\Delta x\to 0}\dfrac{\log_a(x+\Delta x)-\log_a x}{\Delta x}$

$$=\lim_{\Delta x\to 0}\frac{\log_a\dfrac{x+\Delta x}{x}}{\Delta x}=\lim_{\Delta x\to 0}\frac{\log_a\left(1+\dfrac{\Delta x}{x}\right)}{\Delta x}$$

$$=\lim_{\Delta x\to 0}\frac{\dfrac{\ln\left(1+\dfrac{\Delta x}{x}\right)}{\ln a}}{\Delta x}\lim_{\Delta x\to 0}\frac{\dfrac{\Delta x}{x}}{\Delta x\ln a}=\frac{1}{x\ln a}$$

即 $(\log_a x)'=\dfrac{1}{x\ln a}$ 。

特别地，$(\ln x)'=\dfrac{1}{x\ln\mathrm{e}}=\dfrac{1}{x}$ 。

2. 单侧导数

定义 2　如果 x 仅从 x_0 的左侧趋于 $x_0(x\to x_0^-$ 或 $\Delta x\to 0^-)$ 时，极限

$$\lim_{\Delta x\to 0^-}\frac{\Delta y}{\Delta x}=\lim_{\Delta x\to 0^-}\frac{f(x_0+\Delta x)-f(x_0)}{\Delta x}$$

存在，则称此极限值为函数 $y=f(x)$ 在点 x_0 处的**左导数**，记作 $f'_-(x_0)$，即

$$f'_-(x_0)=\lim_{\Delta x\to 0^-}\frac{f(x_0+\Delta x)-f(x_0)}{\Delta x}=\lim_{x\to x_0^-}\frac{f(x)-f(x_0)}{x-x_0}$$

类似地，函数 $y=f(x)$ 在点 x_0 处的**右导数**定义为

$$f'_+(x_0)=\lim_{\Delta x\to 0^+}\frac{f(x_0+\Delta x)-f(x_0)}{\Delta x}=\lim_{x\to x_0^+}\frac{f(x)-f(x_0)}{x-x_0}$$

关于函数 $f(x)$ 在点 x_0 处的导数与左、右导数之间的关系，我们有以下结论。

定理 1　函数 $f(x)$ 在点 x_0 处可导的充分必要条件是 $f(x)$ 在点 x_0 处的左导数 $f'_-(x_0)$ 和右导数 $f'_+(x_0)$ 都存在且相等。

左导数和右导数统称为**单侧导数**。

如果函数 $f(x)$ 在开区间 (a,b) 内可导，且右导数 $f'_+(a)$ 和左导数 $f'_-(b)$ 都存在，则称 $f(x)$ 在闭区间 $[a,b]$ 上可导。

三、导数的几何意义

由引例 2 中曲线切线斜率的求法及导数的定义可知：函数 $y=f(x)$ 在点 x_0 处的导数 $f'(x_0)$ 就是曲线 $y=f(x)$ 在点 $M(x_0,y_0)$ 处的切线的斜率，即

$$k=\tan\alpha=f'(x_0)$$

其中 α 是曲线 $y=f(x)$ 在点 M 处的切线的倾斜角，如图 2－2 所示。

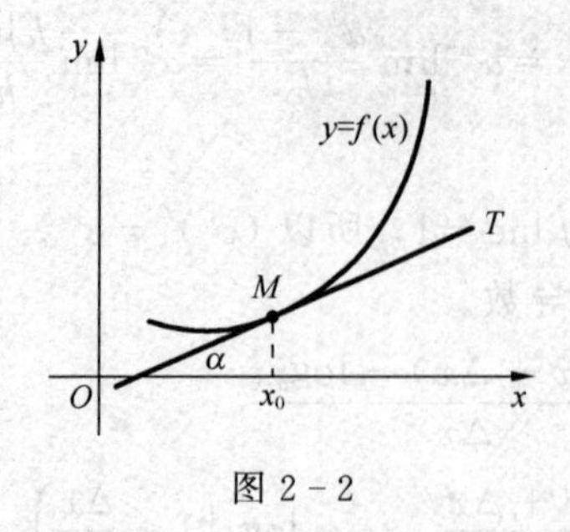

图 2-2

由导数的几何意义及直线的点斜式方程知，曲线 $y=f(x)$ 在点 $M(x_0, y_0)$ 处的切线方程为

$$y-y_0=f'(x_0)(x-x_0)$$

过切点 $M(x_0, y_0)$ 且与切线垂直的直线叫作曲线 $y=f(x)$ 在点 M 处的法线。如果 $f'(x_0)\neq 0$，则法线的斜率为 $k'=-\dfrac{1}{f'(x_0)}$，从而法线方程为

$$y-y_0=-\frac{1}{f'(x_0)}(x-x_0)$$

如果 $f'(x_0)=0$，则切线方程为 $y=y_0$，此时切线平行于 x 轴。

如果 $f'(x_0)=\infty$（此时 $y=f(x)$ 在该点并不可导），则切线方程为 $x=x_0$，此时切线垂直于 x 轴。

例 7 求曲线 $y=\sqrt{x}$ 在点 (4, 2) 处的切线方程和法线方程。

解 由导数的几何意义知，所求切线的斜率为

$$k_1=(\sqrt{x})'|_{x=4}=\frac{1}{2\sqrt{x}}\bigg|_{x=4}=\frac{1}{4}$$

从而所求切线的方程为 $y-2=\dfrac{1}{4}(x-4)$，即 $x-4y+4=0$。所求法线的斜率为 $k_2=-\dfrac{1}{k_1}=-4$，于是所求法线的方程为 $y-2=-4(x-4)$，即 $4x+y-18=0$。

四、函数的可导性与连续性的关系

函数 $y=f(x)$ 在点 x 处连续的定义是 $\lim\limits_{\Delta x\to 0}\Delta y=0$；而在点 x 处可导的定义是 $\lim\limits_{\Delta x\to 0}\dfrac{\Delta y}{\Delta x}$ 存在。那么，函数的可导性与连续性之间到底存在着怎样的关系呢？

设函数 $y=f(x)$ 在点 x 处可导，即极限 $\lim\limits_{\Delta x\to 0}\dfrac{\Delta y}{\Delta x}=f'(x)$ 存在，因此有

$$\lim_{\Delta x\to 0}\Delta y=\lim_{\Delta x\to 0}\frac{\Delta y}{\Delta x}\cdot\Delta x=\lim_{\Delta x\to 0}\frac{\Delta y}{\Delta x}\cdot\lim_{\Delta x\to 0}\Delta x=f'(x)\cdot 0=0$$

由连续性的定义知，函数 $y=f(x)$ 在点 x 处是连续的。所以我们有以下结论。

定理 2 如果函数 $y=f(x)$ 在点 x 处可导，则函数在该点必连续，但反之不成立。

例 8 函数 $y=|x|$ 在 $(-\infty, +\infty)$ 内连续，但函数 $y=|x|$ 在 $x=0$ 点处的左导数 $f'_-(0)=-1$ 和右导数 $f'_+(0)=1$ 虽然都存在，但不相等，因此 $y=|x|$ 在 $x=0$ 点处不可导。从几何上讲，曲线 $y=|x|$ 在 $x=0$ 处没有切线，如图 2-3 所示。

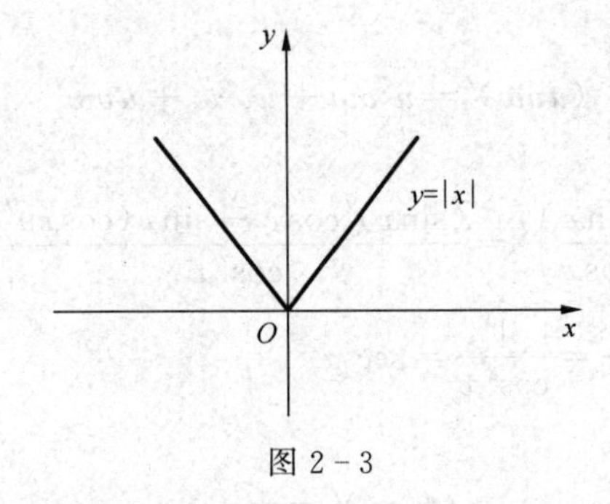

图 2 - 3

习题 2.1

1. 设 $f'(x_0)$ 存在，按照导数的定义指出下列各极限。

(1) $\lim\limits_{\Delta x \to 0} \dfrac{f(x_0 - 2\Delta x) - f(x_0)}{\Delta x}$

(2) $\lim\limits_{\Delta x \to 0} \dfrac{f(x_0 + \Delta x) - f(x_0 - \Delta x)}{\Delta x}$

2. 求曲线 $y = \ln x$ 在点（1，1）处的切线的斜率，并写出曲线在该点处的切线方程与法线方程。

3. 讨论下列函数在 $x = 0$ 处的连续性与可导性。

(1) $y = |\sin x|$　　　　(2) $y = \begin{cases} x^2 \sin \dfrac{1}{x} & x \neq 0 \\ 0 & x = 0 \end{cases}$

第二节　函数的求导法则

本节将介绍求导数的基本法则和基本初等函数的导数公式。

一、导数的四则运算法则

关于函数的和、差、积、商的导数，我们有如下定理。

定理 1　如果函数 $u(x)$ 及 $v(x)$ 都在点 x 具有导数，那么它们的和、差、积、商(除分母为零的点外)都在点 x 具有导数，且

(1) $[u(x) \pm v(x)]' = u'(x) \pm v'(x)$；

(2) $[Cu(x)]' = Cu'(x)$（C 为常数)；

(3) $[u(x)v(x)]' = u'(x)v(x) + u(x)v'(x)$；

(4) $\left[\dfrac{u(x)}{v(x)}\right]' = \dfrac{u'(x)v(x) - u(x)v'(x)}{v^2(x)} (v(x) \neq 0)$。

定理 1 中的法则(1)、(3)可推广到任意有限个可导函数的情形。例如，设 $u = u(x)$、$v = v(x)$、$w = w(x)$ 均可导，则有

$$(u - v + w)' = u' - v' + w'$$

$$(uvw)' = [(uv)w]' = (uv)'w + (uv)w' = (u'v + uv')w + uvw'$$

即

$$(uvw)' = u'vw + uv'w + uvw'$$

例 1 $y = \tan x$，求 y'。

解 $y' = (\tan x)' = \left(\dfrac{\sin x}{\cos x}\right)' = \dfrac{(\sin x)'\cos x - \sin x(\cos x)'}{\cos^2 x}$

$$= \frac{\cos^2 x + \sin^2 x}{\cos^2 x} = \frac{1}{\cos^2 x} = \sec^2 x$$

即

$$(\tan x)' = \sec^2 x$$

类似可得余切函数的导数公式

$$(\cot x)' = -\csc^2 x$$

例 2 $y = \sec x$，求 y'。

解

$$y' = (\sec x)' = \left(\frac{1}{\cos x}\right)' = \frac{(1)'\cos x - 1\cdot(\cos x)'}{\cos^2 x} = \frac{\sin x}{\cos^2 x} = \sec x\tan x$$

即

$$(\sec x)' = \sec x\tan x$$

类似可得余割函数的导数公式

$$(\csc x)' = -\csc x\cot x$$

二、反函数的求导法则

前面我们给出了三角函数的求导公式，而三角函数的反函数是怎样的呢？为了研究这一问题，我们先讨论反函数的导数存在性和求导法则。

定理 2 如果函数 $x = f(y)$ 在区间 I_y 内单调、可导且 $f'(y) \neq 0$，则它的反函数 $y = f^{-1}(x)$ 在区间 $I_x = \{x \mid x = f(y),\ y \in I_y\}$ 内也可导，且

$$[f^{-1}(x)]' = \frac{1}{f'(y)} \text{ 或 } \frac{\mathrm{d}y}{\mathrm{d}x} = \frac{1}{\dfrac{\mathrm{d}x}{\mathrm{d}y}} \qquad (2-1)$$

即反函数在某点的导数等于直接函数在相应点导数的倒数。

例 3 求 $y = \arcsin x$ 的导数。

解 设 $x = \sin y$，$y \in \left[-\dfrac{\pi}{2}, \dfrac{\pi}{2}\right]$ 为直接函数，则 $y = \arcsin x$ 是它的反函数。函数 $x = \sin y$ 在开区间 $I_y = \left(-\dfrac{\pi}{2}, \dfrac{\pi}{2}\right)$ 内单调、可导，且 $(\sin y)' = \cos y > 0$，于是，由公式 (2-1)，在对应区间 $I_x = (-1, 1)$ 内有

$$(\arcsin x)' = \frac{1}{(\sin y)'} = \frac{1}{\cos y} = \frac{1}{\sqrt{1-\sin^2 y}} = \frac{1}{\sqrt{1-x^2}}$$

即

$$(\arcsin x)' = \frac{1}{\sqrt{1-x^2}}$$

类似可得其他反三角函数的导数公式

$$(\arccos x)' = \frac{-1}{\sqrt{1-x^2}}$$

$$(\arctan x)' = \frac{1}{1+x^2}$$

$$(\text{arccot}\, x)' = \frac{-1}{1+x^2}$$

三、基本初等函数求导公式

现在我们把六类基本初等函数的导数公式总结如下。

表 2-1

	函数	函数的导数		函数	函数的导数
1	常函数	$(C)'=0$	9	三角函数	$(\tan x)'=\sec^2 x$
2	幂函数	$(x^{\mu})'=\mu x^{\mu-1}$	10		$(\cot x)'=-\csc^2 x$
3	指数函数	$(a^x)'=a^x\ln a$	11		$(\sec x)'=\sec x\tan x$
4		$(e^x)'=e^x$	12		$(\csc x)'=-\csc x\cot x$
5	对数函数	$(\log_a x)'=\frac{1}{x\ln a}$	13	反三角函数	$(\arcsin x)'=\frac{1}{\sqrt{1-x^2}}$
6		$(\ln x)'=\frac{1}{x}$	14		$(\arccos x)'=-\frac{1}{\sqrt{1-x^2}}$
7	三角函数	$(\sin x)'=\cos x$	15		$(\arctan x)'=\frac{1}{1+x^2}$
8		$(\cos x)'=-\sin x$	16		$(\text{arccot}\, x)'=-\frac{1}{1+x^2}$

例 4　$y=x^3-\ln x+\frac{3}{x}-3$，求 y'。

解　$y'=\left(x^3-\ln x+\frac{3}{x}-3\right)'=(x^3)'-(\ln x)'+\left(\frac{3}{x}\right)'-(3)'=3x^2-\frac{1}{x}-3\frac{1}{x^2}$

例 5　$y=3e^x\cos x$，求 y'。

解　$y'=(3e^x\cos x)'=(3e^x)'\cos x+3e^x(\cos x)'$

$=3e^x\cos x-3e^x\sin x=3e^x(\cos x-\sin x)$

习题 2.2

1. 求下列函数的导数。

(1) $y=2x^3+2^x-4e^x$　　(2) $y=2\tan x+\sec x-5$

(3) $y=x^3\ln x$　　(4) $y=e^x\cos x$

(5) $y=x\cot x$　　(6) $y=\frac{x^2}{1-x^2}$

(7) $s=\dfrac{1+\sin t}{1-\cos t}$　　(8) $y=\dfrac{1}{\sqrt{x}+1}+\dfrac{1}{1-\sqrt{x}}$

2. 求曲线 $y=2-x^2$ 上横坐标为 $x=1$ 的点处的切线方程和法线方程。

第三节　复合函数的求导法则　隐函数求导法则　由参数方程所确定的函数的求导法则

一、复合函数求导法则

关于复合函数的可导性和求导方法，我们有如下定理。

定理 3　如果 $u=g(x)$ 在点 x 可导，而 $y=f(u)$ 在点 $u=g(x)$ 可导，则复合函数 $y=f[g(x)]$ 在点 x 可导，且其导数为

$$\frac{dy}{dx}=f'(u)\cdot g'(x) \text{ 或 } \frac{dy}{dx}=\frac{dy}{du}\cdot\frac{du}{dx}。$$

例 1　$y=e^{x^2}$，求 $\dfrac{dy}{dx}$。

解　设 $y=e^u$，$u=x^2$，则 $\dfrac{dy}{dx}=\dfrac{dy}{du}\cdot\dfrac{du}{dx}=e^u\cdot 2x=2xe^{x^2}$

例 2　$y=\sin^2 x$，求 $\dfrac{dy}{dx}$。

解　设 $y=u^2$，$u=\sin x$，则

$$\frac{dy}{dx}=\frac{dy}{du}\cdot\frac{du}{dx}=2u\cdot\cos x=2\sin x\cdot\cos x=\sin 2x$$

例 3　求函数 $f(x)=\sin 2x$ 的导数。

解　$(\sin 2x)'=\cos(2x)\cdot(2x)'=2\cos 2x$

注　中间变量的替换实际上是看成一个整体的思想，对于多重复合函数，可由外向内反复利用上述法则。

例 4　$y=\arctan e^x$，求 $\dfrac{dy}{dx}$。

解　$\dfrac{dy}{dx}=(\arctan e^x)'=\dfrac{1}{1+e^{2x}}(e^x)'=\dfrac{e^x}{1+e^{2x}}$

下面我们综合运用这些法则和导数公式来求函数的导数。

例 5　$y=\sin^n x\cos nx$，求 $\dfrac{dy}{dx}$。

解　$\dfrac{dy}{dx}=(\sin^n x\cos nx)'=(\sin^n x)'\cos nx+\sin^n x(\cos nx)'$

$$=n\sin^{n-1}x\cos x\cos nx+\sin^n x\cdot n(-\sin nx)$$
$$=n\sin^{n-1}x\cdot(\cos x\cos nx-\sin x\sin nx)$$
$$=n\sin^{n-1}x\cdot\cos(n+1)x$$

在求函数的导数时，有时为了计算简单，常常先利用有理化、固定公式等将函数变形

为易于求导的形式后再进行求导。

例 6　$y=\dfrac{\cos^2 x}{1+\sin x}$，求 $\dfrac{dy}{dx}$。

解　因为 $y=\dfrac{\cos^2 x}{1+\sin x}=\dfrac{1-\sin^2 x}{1+\sin x}=1-\sin x$，所以

$$\frac{dy}{dx}=(1-\sin x)'=-\cos x$$

二、隐函数的求导法则

我们知道，函数反映了自变量和因变量之间的一种对应关系。把因变量 y 直接表示为自变量 x 的函数 $y=f(x)$ 的形式，用这种形式表达的函数称为显函数。如 $y=x^2+1$，$y=\sin x$ 等都是显函数。

如果变量 x 和 y 满足一个方程 $F(x,\ y)=0$，在一定条件下，当 x 取某个区间内的任一值时，相应地总有满足这个方程的唯一的 y 值存在，那么就称由方程 $F(x,\ y)=0$ 在该区间内所确定的函数为**隐函数**。如 $x+y^3-1=0$，$e^y-xy=0$ 等都是隐式方程。

把一个隐函数化成显函数，称为隐函数的显化。例如由方程 $x+y^3-2=0$ 解出 $y=\sqrt[3]{2-x}$，就把隐函数化成了显函数。有时隐函数的显化不是很容易表示，比如 $e^y-xy=0$。但在实际问题中，我们往往需要计算隐函数的导数，因此，这就需要我们去寻求一种能直接由方程计算出它所确定的隐函数的导数的方法。

1. 两边求导法

假设方程 $F(x,\ y)=0$ 确定一个函数 $y=f(x)$，把 $y=f(x)$ 代入方程便得恒等式 $F(x,\ f(x))\equiv 0$，利用复合函数的求导法则，在方程的两边同时对 x 求导，注意到 y 是 x 的函数，遇到含有 y 的项时，先对 y 求导，再乘以 y 对 x 的导数 y'，这样就得到一个含有 y' 的表达式，然后从中解出 y' 即可，所得 y' 的结果中允许保留 y。

下面我们通过具体例子来说明这种方法。

例 7　求由方程 $y\sin x+\ln y=1$ 所确定的隐函数的导数 y'_x。

解　两边同时对 x 求导，得 $y'_x\sin x+y\cos x+\dfrac{1}{y}\cdot y'_x=0$，

解得 $y'_x=\dfrac{-y^2\cos x}{1+y\sin x}$。

例 8　求曲线 $y^2-3xy+2=0$ 上对应于 $x=1$ 处的切线方程。

解　由导数的几何意义知，所求切线的斜率为 $k=y'|_{x=1}$。

将方程两端同时关于 x 求导，得 $2yy'-3y-3xy'=0$，

从而得 $y'=\dfrac{3y}{2y-3x}$。

因为当 $x=1$ 时，从原方程得 $y=1$ 或 $y=2$，所以曲线上对应于 $x=1$ 处有两个点 $M_1(1,\ 1)$ 和 $M_2(1,\ 2)$。

在点 $M_1(1,\ 1)$ 处，$k_1=y'|_{x=1}=-3$，切线方程为 $y-1=-3(x-1)$，即 $3x+y-4=0$。

在点 $M_2(1,\ 2)$ 处，$k_2=y'|_{x=1}=6$，切线方程为 $y-2=6(x-1)$，即 $6x-y-4=0$。

2. 取对数求导法

对于幂指数函数 $y=u^{v}(u>0)$，如果 $u(x)$，$v(x)$ 都可导，可以先在函数两端取对数，然后再用直接求导法求出 y'，这种方法称为取对数求导法。该方法也可用于指数函数、幂函数的求导以及含有幂指数函数项的隐函数求导。

例 9 $y=x^{\sin x}(x>0)$，求 y'。

解 在等式两端取对数，得 $\ln y=\sin x\cdot\ln x$，

上式两端关于 x 求导，得 $\dfrac{1}{y}y'=\cos x\cdot\ln x+\sin x\cdot\dfrac{1}{x}$，

因此

$$y'=y\left(\cos x\cdot\ln x+\frac{\sin x}{x}\right)=x^{\sin x}\left(\cos x\cdot\ln x+\frac{\sin x}{x}\right)$$

三、由参数方程所确定的函数的导数

若参数方程

$$\begin{cases}x=\phi(t)\\ y=\psi(t)\end{cases}\tag{3-1}$$

确定 y 与 x 间的函数关系，则称此函数关系所表达的函数为由参数方程(3-1)所确定的函数。

在实际问题中，有时需要计算由参数方程(3-1)所确定的函数的导数，但又不容易直接由参数方程消去参数 t，因此，我们需寻求一种能直接由参数方程(3-1)计算出它所确定的函数的导数的方法。

我们假设函数 $x=\phi(t)$、$y=\psi(t)$ 都可导，并且 $\phi'(t)\neq 0$，由复合函数与反函数的求导法则，有

$$\frac{\mathrm{d}y}{\mathrm{d}x}=\frac{\mathrm{d}y}{\mathrm{d}t}\cdot\frac{\mathrm{d}t}{\mathrm{d}x}=\frac{\mathrm{d}y}{\mathrm{d}t}\cdot\frac{1}{\frac{\mathrm{d}x}{\mathrm{d}t}}=\frac{\psi'(t)}{\phi'(t)}$$

即

$$\frac{\mathrm{d}y}{\mathrm{d}x}=\frac{\psi'(t)}{\phi'(t)}\text{ 或 }\frac{\mathrm{d}y}{\mathrm{d}x}=\frac{\frac{\mathrm{d}y}{\mathrm{d}t}}{\frac{\mathrm{d}x}{\mathrm{d}t}}$$

这就是由参数方程(3-1)所确定的函数的导数公式。

例 10 已知椭圆的参数方程为 $\begin{cases}x=a\cos\theta\\ y=b\sin\theta\end{cases}$（$\theta$ 为参数），求 $\dfrac{\mathrm{d}y}{\mathrm{d}x}$。

解 $$\frac{\mathrm{d}y}{\mathrm{d}x}=\frac{\frac{\mathrm{d}y}{\mathrm{d}\theta}}{\frac{\mathrm{d}x}{\mathrm{d}\theta}}=\frac{b\cos\theta}{-a\sin\theta}=-\frac{b}{a}\cot\theta$$

例 11 函数 $y=f(x)$ 由方程 $\begin{cases}x=\ln(1+t^{2})\\ y=t-\arctan t\end{cases}$ 确定，试求 $\dfrac{\mathrm{d}^{2}y}{\mathrm{d}x^{2}}$。

解 $\dfrac{dy}{dx}=\dfrac{\frac{dy}{dt}}{\frac{dx}{dt}}=\dfrac{1-\frac{1}{1+t^2}}{\frac{2t}{1+t^2}}=\dfrac{t}{2}$，

$$\frac{d^2y}{dx^2}=\frac{d\left(\frac{dy}{dx}\right)}{dx}=\frac{d\left(\frac{dy}{dx}\right)}{dt}\frac{1}{\frac{dx}{dt}}=\frac{1}{2}\frac{1}{\frac{2t}{1+t^2}}=\frac{1}{4}\left(t+\frac{1}{t}\right)$$

习题 2.3

1. 求下列函数在给定点处的导数。

(1) $y=\sin x-\cos x$，求 $y'\Big|_{x=\frac{\pi}{6}}$ 和 $y'\Big|_{x=\frac{\pi}{4}}$。

(2) $y=\sqrt[3]{4-3x}$，求 $y'\Big|_{x=1}$。

(3) $y=\ln\tan x$，求 $y'\Big|_{x=\frac{\pi}{6}}$。

2. 求下列函数的导数。

(1) $y=\cos(4-3x)$　　(2) $y=\ln(1+x^2)$

(3) $y=\arctan\dfrac{x+1}{x-1}$　　(4) $y=\ln(x+\sqrt{x^2+a^2})$

(5) $y=x^3(x^2-1)^2$　　(6) $y=\arcsin\sqrt{x}$

(7) $y=\sin^2x\cdot\sin x^2$　　(8) $y=e^{\arctan\sqrt{x}}$

3. 当 a 与 b 取何值时，才能使曲线 $y=\ln\dfrac{x}{e}$ 与曲线 $y=ax^2+bx$ 在 $x=1$ 处有共同的切线？

4. 求由下列方程所确定的隐函数的导数 $\dfrac{dy}{dx}$。

(1) $y^2-2xy+9=0$　　(2) $y=1-xe^y$

(3) $\arctan\dfrac{y}{x}=\ln\sqrt{x^2+y^2}$　　(4) $e^{xy}+y\ln x=\sin 2x$

5. 用取对数求导法求下列函数的导数。

(1) $y=\left(\dfrac{x}{1+x}\right)^x$　　(2) $y=\dfrac{\sqrt{x+2}(3-x)^4}{(x+1)^5}$

(3) $y=x^{x^2}$　　(4) $y=(\sin x)^{\tan x}$

6. 求下列参数方程所确定的函数的导数 $\dfrac{dy}{dx}$。

(1) $\begin{cases}x=at^2\\y=bt^3\end{cases}$　　(2) $\begin{cases}x=\cos^2t\\y=\sin^2t\end{cases}$

7. 求曲线 $\begin{cases}x=\sin t\\y=\cos 2t\end{cases}$ 在 $t=\dfrac{\pi}{4}$ 相应点处的切线方程和法线方程。

第四节　高阶导数

我们知道，变速直线运动的速度 $v(t)=\frac{\mathrm{d}s(t)}{\mathrm{d}t}=s'(t)$，而加速度 a 是速度 v 对时间 t 的变化率，即速度 v 对时间 t 的导数

$$a=\frac{\mathrm{d}v}{\mathrm{d}t}=\frac{\mathrm{d}}{\mathrm{d}t}\left(\frac{\mathrm{d}s}{\mathrm{d}t}\right)\text{或}\, a=(s')'$$

这种导函数的导数 $\frac{\mathrm{d}}{\mathrm{d}t}\left(\frac{\mathrm{d}s}{\mathrm{d}t}\right)$ 或 $(s')'$ 称为 s 对 t 的二阶导数，记作 $\frac{\mathrm{d}^2s}{\mathrm{d}t^2}$ 或 $s''(t)$。

因此，变速直线运动的加速度就是路程函数 $s(t)$ 对时间 t 的二阶导数。

一般地，函数 $y=f(x)$ 的导数 $y'=f'(x)$ 仍是 x 的函数。因此我们有以下定义。

定义　如果 $f'(x)$ 仍可导，则称 $y'=f'(x)$ 的导数为函数 $y=f(x)$ 的二阶导数，记作 y''，$f''(x)$，$\frac{\mathrm{d}^2y}{\mathrm{d}x^2}$ 或 $\frac{\mathrm{d}^2f(x)}{\mathrm{d}x^2}$。

相应地，把 $y=f(x)$ 的导数 $y'=f'(x)$ 称为函数 $y=f(x)$ 的一阶导数。

类似地，二阶导数的导数称为三阶导数，三阶导数的导数称为四阶导数，…，一般地，$(n-1)$ 阶导数的导数称为 n 阶导数，分别记作 y'''，$y^{(4)}$，…，$y^{(n)}$；$f'''(x)$，$f^{(4)}(x)$，…，$f^{(n)}(x)$；$\frac{\mathrm{d}^3y}{\mathrm{d}x^3}$，$\frac{\mathrm{d}^4y}{\mathrm{d}x^4}$，…，$\frac{\mathrm{d}^ny}{\mathrm{d}x^n}$ 或 $\frac{\mathrm{d}^3f(x)}{\mathrm{d}x^3}$，$\frac{\mathrm{d}^4f(x)}{\mathrm{d}x^4}$，…，$\frac{\mathrm{d}^nf(x)}{\mathrm{d}x^n}$。

函数 $y=f(x)$ 具有 n 阶导数，也说成函数 $y=f(x)$ 为 n 阶可导。

如果函数 $y=f(x)$ 在点 x 处具有 n 阶导数，那么 $f(x)$ 在点 x 的某一邻域内必定具有一切低于 n 阶的导数。

二阶及二阶以上的导数统称为高阶导数。

由此可见，求函数的高阶导数也就是运用前面学过的求导方法多次接连地求导数。

例 1　$y=3x^2-5x+2$，求 y''。

解　$y'=6x-5$，$y''=6$

例 2　$y=(1-x^2)^2$，求 y''。

解　$y'=-4x(1-x^2)$，$y''=-4+12x^2$

例 3　求指数函数 $y=\mathrm{e}^x$ 的 n 阶导数。

解　$y'=\mathrm{e}^x$，$y''=\mathrm{e}^x$，$y'''=\mathrm{e}^x$，$y^{(4)}=\mathrm{e}^x$

一般地，可得 $y^{(n)}=\mathrm{e}^x$，即 $(\mathrm{e}^x)^{(n)}=\mathrm{e}^x$。

例 4　求正弦函数与余弦函数的 n 阶导数。

解

$$y=\sin x$$

$$y'=\cos x=\sin\left(x+\frac{\pi}{2}\right)$$

$$y''=\cos\left(x+\frac{\pi}{2}\right)=\sin\left(x+\frac{\pi}{2}+\frac{\pi}{2}\right)=\sin\left(x+2\cdot\frac{\pi}{2}\right)$$

$$y'''=\cos\left(x+2\cdot\frac{\pi}{2}\right)=\sin\left(x+3\cdot\frac{\pi}{2}\right)$$

一般地，由数学归纳法可得

$$(\sin x)^{(n)}=\sin\left(x+\frac{n\pi}{2}\right)$$

类似可得

$$(\cos x)^{(n)}=\cos\left(x+\frac{n\pi}{2}\right)$$

习题 2.4

1. 求下列函数的二阶导数。

(1) $y=2x^2+\ln x$　　(2) $y=x\cos x$

(3) $y=\ln(1+x^2)$　　(4) $y=x\ln x$

(5) $y=(1+x^2)\arctan x$　　(6) $y=x\mathrm{e}^{x^2}$

2. 求下列函数的 n 阶导数。

(1) $y=a^x$　　(2) $y=\ln(1+x)$

(3) $y=(1+x)^m$　　(4) $y=x\mathrm{e}^x$

第五节　函数的微分及其应用

在实际问题中我们还会遇到当自变量取得微小改变时，计算函数相应改变的问题。一般情况下，计算函数改变量的精确值不是很容易，这就需要我们寻找一种简便的方法来计算它的近似值。为此，我们引入微分学的另一个基本概念—微分。

一、微分的定义

下面我们先看一个具体问题，然后由此抽象出微分的定义。

设有一块正方形金属薄片，受温度变化的影响，其边长由 x_0 变到 $x_0+\Delta x$，如图 2-4 所示，问此薄片的面积改变了多少？

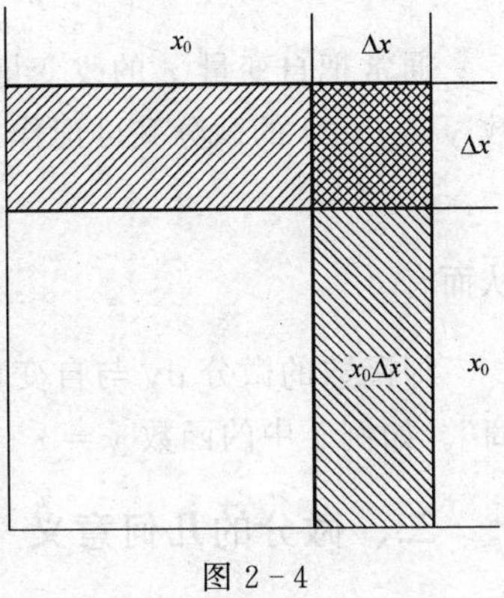

图 2-4

正方形的面积 A 与边长 x 的函数关系为：$A=x^2$。当边长由 x_0 变到 $x_0+\Delta x$ 时面积的改变量为 ΔA，相当于自变量 x 自 x_0 取得改变量 Δx 时，函数 $A=x^2$ 相应的改变量 ΔA，即

$$\Delta A=(x_0+\Delta x)^2-x_0^2=2x_0\Delta x+(\Delta x)^2$$

从上式可以看出，ΔA 由两部分组成，第一部分 $2x_0\Delta x$ 是 Δx 的线性函数，即图中带有斜线的两个矩形面积之和，而第二部分 $(\Delta x)^2$ 在图中是带有交叉斜线的小正方形的面积，当 $\Delta x\to 0$ 时，$(\Delta x)^2$ 是比 Δx 高阶的无穷小，即 $(\Delta x)^2=o(\Delta x)$，可忽略不计。因此，如果边长改变很微小，即 $|\Delta x|$ 很小时，面积的改变量 ΔA 可近似地用第一部分来代替，即 $\Delta A\approx 2x_0\Delta x$。我们称 $2x_0\Delta x$ 为函数 $A=x^2$ 在点 x_0 处的微分。

一般地，我们有如下定义。

定义 设函数 $y=f(x)$ 在某区间内有定义，x_0 及 $x_0+\Delta x$ 在该区间内，如果改变量 $\Delta y=f(x_0+\Delta x)-f(x_0)$ 可表示为

$$\Delta y=A\Delta x+o(\Delta x)$$

其中 A 是与 Δx 无关的量，则称函数 $y=f(x)$ 在点 x_0 是可微的，而 $A\Delta x$ 称为函数 $y=f(x)$ 在点 x_0 相应于自变量的改变量 Δx 的**微分**，记作 $\mathrm{d}y$，即

$$\mathrm{d}y=A\Delta x$$

微分实际上是函数在一点附近变化量的线性近似，是函数改变量的线性主部。

函数 $y=f(x)$ 在什么条件下可微呢？当 $f(x)$ 可微时，微分 $\mathrm{d}y=A\Delta x$ 中的A 又具有什么样的形式呢？下面的定理解答了这些问题。

定理 函数 $y=f(x)$ 在点 x_0 可微的充分必要条件是函数 $y=f(x)$ 在点 x_0 可导，且函数 $y=f(x)$ 在点 x_0 可微时，其微分一定是 $\mathrm{d}y=f'(x_0)\Delta x$。

由以上讨论可知，$\Delta y=\mathrm{d}y+o(\Delta x)$，而 $\mathrm{d}y=f'(x_0)\Delta x$，因此在 $f'(x_0)\neq 0$ 的条件下，称 $\mathrm{d}y$ 为 Δy 的线性主部（$\Delta x\to 0$），以微分 $\mathrm{d}y=f'(x_0)\Delta x$ 近似代替增量 Δy 时，其误差为$o(\Delta x)$，因此当 $|\Delta x|$ 很小时，有近似等式 $\Delta y\approx \mathrm{d}y$。

例 1 求函数 $y=x^3$ 在 $x=1$ 处的微分。

解 $\mathrm{d}y=(x^3)'\Big|_{x=1}\Delta x=3x^2\big|_{x=1}\Delta x=3\Delta x$

函数 $y=f(x)$ 在任意点 x 的微分，称为函数的**微分**，记作 $\mathrm{d}y$ 或 $\mathrm{d}f(x)$，即

$$\mathrm{d}y=f'(x)\Delta x$$

例 2 求函数 $y=x^2$ 当 $x=2$，$\Delta x=0.01$ 时的微分。

解 先求函数在任意点 x 的微分 $\mathrm{d}y=(x^2)'\Delta x=2x\Delta x$，

再求函数当 $x=2$，$\Delta x=0.01$ 时的微分

$$\mathrm{d}y\Big|_{\substack{x=2\\ \Delta x=0.01}}=2x\Delta x\Big|_{\substack{x=2\\ \Delta x=0.01}}=2\times 2\times 0.01=0.04$$

通常把自变量 x 的改变量 Δx 称为自变量的微分，记作 $\mathrm{d}x$，即 $\mathrm{d}x=\Delta x$，因此，函数 $y=f(x)$ 的微分又可记作

$$\mathrm{d}y=f'(x)\mathrm{d}x$$

从而有

$$\frac{\mathrm{d}y}{\mathrm{d}x}=f'(x)$$

即函数的微分 $\mathrm{d}y$ 与自变量的微分 $\mathrm{d}x$ 的商等于该函数的导数，因此，导数又称为“微商”。如例 1 中的函数 $y=x^3$ 的微分为 $\mathrm{d}y=(x^3)'\mathrm{d}x=3x^2\mathrm{d}x$。

二、微分的几何意义

为了直观地了解微分，我们来介绍一下微分的几何意义。

设函数 $y=f(x)$ 的图形为曲线 C，$M(x_0, y_0)$ 为曲线 C 上一定点，当自变量 x 在点 x_0 取微小改变量 Δx 时，得到曲线上另一点 $N(x_0+\Delta x, y_0+\Delta y)$，由图 2-5 可知

$$MQ=\Delta x, QN=\Delta y$$

过点 M 作曲线C 的切线 MT，它的倾角为α，则

$$QP=MQ\cdot\tan\alpha=\Delta x\cdot f'(x_0)$$

即

$$\mathrm{d}y=QP$$

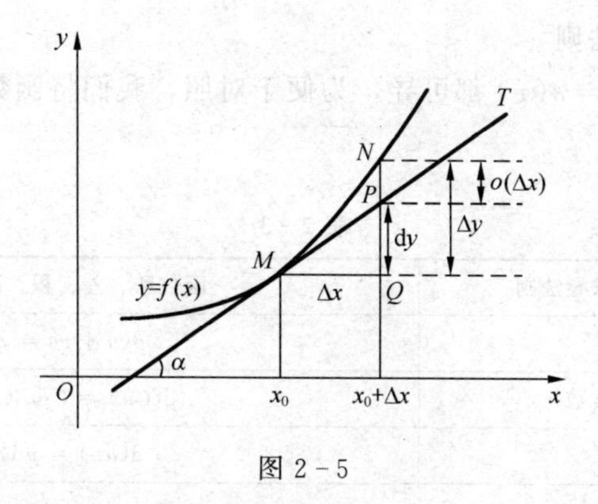

图 2-5

由此可见，微分 dy 就是当自变量 x 取微小改变量 Δx 时，曲线的切线上点的纵坐标的相应改变量，而 Δy 是曲线上点的纵坐标的相应改变量。当 $|\Delta x|$ 很小时，用 dy 近似代替 Δy，从几何意义上看，就是用 QP 近似代替 QN，因此，也可以用切线段近似代替曲线段。

三、基本微分公式与运算法则

由函数的微分表达式 $dy=f'(x)dx$ 可知，要计算函数的微分，只要计算出函数的导数，再乘以自变量的微分即可。因此，我们可以得到如下微分公式与微分运算法则。

1. 基本微分公式

为便于对照和记忆，我们将函数的导数公式、微分公式列表如表 2-2 所示。

表 2-2

	函数	函数的导数公式	函数的微分公式
1	常函数	$(x^\mu)'=\mu x^{\mu-1}$	$d(x^\mu)=\mu x^{\mu-1}dx$
2	指数函数	$(a^x)'=a^x\ln a$	$d(a^x)=a^x\ln a\,dx$
3		$(e^x)'=e^x$	$d(e^x)=e^x dx$
4	对数函数	$(\log_a x)'=\frac{1}{x\ln a}$	$d(\log_a x)=\frac{1}{x\ln a}dx$
5		$(\ln x)'=\frac{1}{x}$	$d(\ln x)=\frac{1}{x}dx$
6	三角函数	$(\sin x)'=\cos x$	$d(\sin x)=\cos x\,dx$
7		$(\cos x)'=-\sin x$	$d(\cos x)=-\sin x\,dx$
8		$(\tan x)'=\sec^2 x$	$d(\tan x)=\sec^2 x\,dx$
9		$(\cot x)'=-\csc^2 x$	$d(\cot x)=-\csc^2 x\,dx$
10		$(\sec x)'=\sec x\tan x$	$d(\sec x)=\sec x\tan x\,dx$
11		$(\csc x)'=-\csc x\cot x$	$d(\csc x)=-\csc x\cot x\,dx$
12	反三角函数	$(\arcsin x)'=\frac{1}{\sqrt{1-x^2}}$	$d(\arcsin x)=\frac{1}{\sqrt{1-x^2}}dx$
13		$(\arccos x)'=-\frac{1}{\sqrt{1-x^2}}$	$d(\arccos x)=-\frac{1}{\sqrt{1-x^2}}dx$
14		$(\arctan x)'=\frac{1}{1+x^2}$	$d(\arctan x)=\frac{1}{1+x^2}dx$
15		$(\text{arccot}\,x)'=-\frac{1}{1+x^2}$	$d(\text{arccot}\,x)=-\frac{1}{1+x^2}dx$

2. 微分的四则运算法则

设函数 $u=u(x)$，$v=v(x)$ 都可导，为便于对照，我们将函数和、差、积、商的微分法则列表如表 2－3 所示。

表 2－3

函数和、差、积、商的求导法则	函数和、差、积、商的微分法则
$(u\pm v)'=u'\pm v'$	$\mathrm{d}(u\pm v)=\mathrm{d}u\pm \mathrm{d}v$
$(Cu)'=Cu'$（C 为常数）	$\mathrm{d}(Cu)=C\mathrm{d}u$（$C$ 为常数）
$(uv)'=u'v+uv'$	$\mathrm{d}(uv)=v\mathrm{d}u+u\mathrm{d}v$
$\left(\dfrac{u}{v}\right)'=\dfrac{u'v-uv'}{v^2}(v\neq 0)$	$\mathrm{d}\left(\dfrac{u}{v}\right)=\dfrac{v\mathrm{d}u-u\mathrm{d}v}{v^2}(v\neq 0)$

3. 复合函数的微分法则

设 $y=f(u)$，$u=g(x)$ 都可导，则复合函数 $y=f[g(x)]$ 的微分为

$$\mathrm{d}y=y'_x\mathrm{d}x=f'(u)\cdot g'(x)\mathrm{d}x$$

由于 $g'(x)\mathrm{d}x=\mathrm{d}u$，因此复合函数 $y=f[g(x)]$ 的微分公式也可写成

$$\mathrm{d}y=y'_u\mathrm{d}u \text{ 或 } \mathrm{d}y=f'(u)\mathrm{d}u$$

由此可见，无论 u 是自变量还是中间变量，微分形式 $\mathrm{d}y=f'(u)\mathrm{d}u$ 保持不变。这一性质称为微分形式不变性。应用这一性质求复合函数的微分非常方便。

例 3　$y=\cos(3x+2)$，求 $\mathrm{d}y$。

解　设 $y=\cos u$，$u=3x+2$，则

$$\begin{aligned}\mathrm{d}y&=\mathrm{d}(\cos u)=-\sin u\,\mathrm{d}u=-\sin(3x+2)\mathrm{d}(3x+2)\\&=-\sin(3x+2)\cdot 3\mathrm{d}x=-3\sin(3x+2)\mathrm{d}x\end{aligned}$$

与求复合函数的导数类似，在熟练掌握后，求复合函数的微分时也可以不写出中间变量。

例 4　$y=\ln^2(1-x)$，求 $\mathrm{d}y$。

解　$\mathrm{d}y=\mathrm{d}(\ln^2(1-x))=2\ln(1-x)\mathrm{d}(\ln(1-x))=2\ln(1-x)\cdot\dfrac{1}{1-x}\mathrm{d}(1-x)$

$$=2\ln(1-x)\cdot\frac{-1}{1-x}\mathrm{d}x=\frac{2\ln(1-x)}{x-1}\mathrm{d}x$$

例 5　$y=x^2e^{2x}$，求 $\mathrm{d}y$。

解　由积的微分法则，得

$$\begin{aligned}\mathrm{d}y&=\mathrm{d}(x^2e^{2x})=e^{2x}\mathrm{d}(x^2)+x^2\mathrm{d}(e^{2x})\\&=e^{2x}\cdot 2x\mathrm{d}x+x^2\cdot e^{2x}2\mathrm{d}x=2xe^{2x}(1+x)\mathrm{d}x\end{aligned}$$

例 6　在下列等式左端的括号内填入适当的函数，使等式成立。

(1) $\mathrm{d}(\quad)=3x\mathrm{d}x$　　　　(2) $\mathrm{d}(\quad)=\sin\omega x\mathrm{d}x$

解　(1)由 $\mathrm{d}(x^2)=2x\mathrm{d}x$，得 $x\mathrm{d}x=\dfrac{1}{2}\mathrm{d}(x^2)$，因此

$$3x\mathrm{d}x=\frac{3}{2}\mathrm{d}(x^2)=\mathrm{d}\left(\frac{3}{2}x^2\right)$$

即 $d\left(\frac{3}{2}x^2\right)=3x\,dx$ 。

一般地，有 $d\left(\frac{3}{2}x^2+C\right)=3x\,dx$（$C$ 为任意常数）。

(2) 因为 $d(\cos\omega x)=-\omega\sin\omega x\,dx$ ，所以

$$\sin\omega x\,dx=-\frac{1}{\omega}d(\cos\omega x)=d\left(-\frac{1}{\omega}\cos\omega x\right)$$

即 $d\left(-\frac{1}{\omega}\cos\omega x\right)=\sin\omega x\,dx$。

一般地，有 $d\left(-\frac{1}{\omega}\cos\omega x+C\right)=\sin\omega x\,dx$（$C$ 为任意常数）。

*四、微分在近似计算中的应用

在实际问题中，经常会遇到一些复杂的计算公式，直接计算费时又费力，利用微分可以把一些复杂的公式用简单的近似公式来代替，既可以简化计算又可以保证足够的精度。

前面我们已经知道，如果函数 $y=f(x)$ 在点 x_0 处的导数 $f'(x_0)\neq 0$，且 $|\Delta x|$ 很小时，有

$$\Delta y\approx dy=f'(x_0)\Delta x$$

上式也可写成

$$\Delta y=f(x_0+\Delta x)-f(x_0)\approx f'(x_0)\Delta x \tag{1}$$

或

$$f(x_0+\Delta x)\approx f(x_0)+f'(x_0)\Delta x \tag{2}$$

在上式中令 $x=x_0+\Delta x$ ，即 $\Delta x=x-x_0$，那么上式可改写成

$$f(x)\approx f(x_0)+f'(x_0)(x-x_0) \tag{3}$$

利用以上各式可近似计算 Δy ，$f(x_0+\Delta x)$ 或 $f(x)$，这种近似计算的实质就是用 x 的线性函数 $f(x_0)+f'(x_0)(x-x_0)$ 来近似表示函数 $f(x)$ 。反映在几何上，就是用曲线 $y=f(x)$ 在点 $(x_0,\ f(x_0))$ 处的切线近似代替该点邻近部分的曲线。

例 7　利用微分计算 $\cos 29^\circ$ 的近似值。

解　因为 $29^\circ=30^\circ-1^\circ=\frac{\pi}{6}-\frac{\pi}{180}$ ，所以，设 $f(x)=\cos x$ ，取 $x_0=\frac{\pi}{6}$ ，则 $f\left(\frac{\pi}{6}\right)=\cos\frac{\pi}{6}=\frac{\sqrt{3}}{2}$ ，$f'(x)=-\sin x$，$f'\left(\frac{\pi}{6}\right)=-\sin\frac{\pi}{6}=-\frac{1}{2}$ ，且 $\Delta x=-\frac{\pi}{180}$ 较小，由(2)式可得

$$\cos 29^\circ=\cos\left(\frac{\pi}{6}-\frac{\pi}{180}\right)\approx\cos\frac{\pi}{6}+\left(-\sin\frac{\pi}{6}\right)\cdot\left(-\frac{\pi}{180}\right)=\frac{\sqrt{3}}{2}+\frac{\pi}{360}\approx 0.875$$

特别地，假设 $|x|$ 取较小的数值，在(3)式中取 $x_0=0$，得

$$f(x)\approx f(0)+f'(0)x$$

当 $|x|$ 很小时，可推出求函数的近似值公式，有

1. $\sqrt[n]{1+x}\approx 1+\frac{1}{n}x$；　　2. $e^x\approx 1+x$；

3. $\ln(1+x)\approx x$；　　　　　　4. $\sin x\approx x$（x 用弧度做单位）

5. $\tan x\approx x$

例 8　计算 $\ln 1.002$ 的近似值。

解　$\ln 1.002=\ln(1+0.002)$，这里 $x=0.002$ 数值较小，利用近似公式(3)，得 $\ln 1.002=\ln(1+0.002)\approx 0.002$。

习题 2.5

1. 已知 $y=x^2-2x+3$，计算在 $x=2$ 处当 $\Delta x=0.01$ 时的 Δy 及 $\mathrm{d}y$。

2. 求下列函数的微分。

(1) $y=\sin(2x+3)$　　　　(2) $y=\ln(1+\mathrm{e}^{x^2})$

(3) $y=\mathrm{e}^{1-3x}\cos x$　　　　(4) $y=x\sin 2x$

(5) $y=\dfrac{x}{\sqrt{x^2+1}}$　　　　(6) $y=\ln x+2\sqrt{x}$

(7) $y=\mathrm{e}^{-x}\cos(2-x)$　　　　(8) $y=\tan^2(1-2x)$

3. 将适当的函数填入下列括号内。

(1) $\mathrm{d}(\quad)=x\,\mathrm{d}x$　　　　(2) $\mathrm{d}(\quad)=\cos\omega t\,\mathrm{d}t$

(3) $\mathrm{d}(\quad)=\dfrac{1}{1+x}\mathrm{d}x$　　　　(4) $\mathrm{d}(\quad)=\sec^2 3x\,\mathrm{d}x$

4. 计算下列各式的近似值。

(1) $\sin 30°30'$　　　　(2) $\sqrt{1.05}$

第三章

微分中值定理及导数的应用

本章将介绍三个中值定理，以此为理论基础，我们将研究如何利用导数研究函数及曲线的某些性态，并介绍导数在一些实际问题中的应用。

第一节 微分中值定理

一、罗尔定理

定理 1(罗尔定理) 如果函数 $f(x)$ 满足以下条件：

(1) 在闭区间 $[a, b]$ 上连续，

(2) 在开区间 (a, b) 内可导，

(3) 在区间两个端点处的函数值相等，即

$$f(a)=f(b)$$

则至少存在一点 $\xi \in (a, b)$，使得 $f'(\xi)=0$。

罗尔中值定理的几何意义：对应区间 $[a, b]$ 上的光滑连续曲线 $y=f(x)$，若两端点的高度相同，则在曲线 $y=f(x)$ 上至少存在一点 $(\xi, f(\xi))$，使得曲线过该点的切线 C_1 的斜率为 0，即切线平行于 x 轴，如图 3-1 所示，实质上 C_1 平行于弦 AB 。

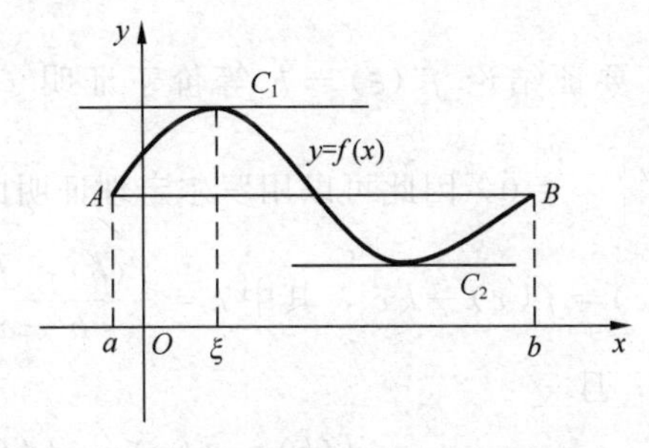

图 3-1

注 (1)罗尔定理中存在 $\xi \in (a, b)$，使得 $f'(\xi)=0$，但 ξ 具体位置不知。

(2)罗尔定理是充分条件，3 个条件中有一个不满足甚至全部不满足时，结论仍

有可能成立，也有可能不成立。

例 1 说明函数 $f(x)=\sin x$ 是否满足罗尔定理。

解 $f(x)=\sin x$ 在 $[0,2\pi]$ 上连续，在 $(0,2\pi)$ 内可导，且 $f(0)=f(2\pi)=0$，由罗尔定理知，至少存在一点 $\xi\in(0,2\pi)$，使得 $f'(\xi)=\cos\xi=0$。实际上，$\cos\frac{\pi}{2}=\cos\frac{3\pi}{2}=0$，即 $\xi=\frac{\pi}{2}$ 或 $\frac{3\pi}{2}$。

例 2 设 $f(x)=x^2-2x-3$，不求导数，说明 $f'(x)=0$ 有几个实根。

解 现在用罗尔定理判断 $f(x)=x^2-2x-3=(x+1)(x-3)$ 在 $[-1,3]$ 内连续、$(-1,3)$ 可导，$f(-1)=f(3)=0$。$f(x)$ 满足罗尔定理条件，存在 $\xi\in(-1,3)$，使得 $f'(\xi)=0$。又因为 $f'(x)$ 是一次函数，所以 ξ 为 $f'(x)$ 的唯一实根。

二、拉格朗日中值定理

定理 2(拉格朗日中值定理) 如果函数 $f(x)$ 满足以下条件：

(1) 在闭区间 $[a,b]$ 上连续，

(2) 在开区间 (a,b) 内可导，则至少存在一点 $\xi\in(a,b)$，使得

$$f'(\xi)=\frac{f(b)-f(a)}{b-a}。$$

分析 如图 3-2 所示，连续曲线在 (a,b) 上每一点都有不垂直于 x 轴的切线，则在 (a,b) 内至少存在一点处的切线平行于两个端点的连线。

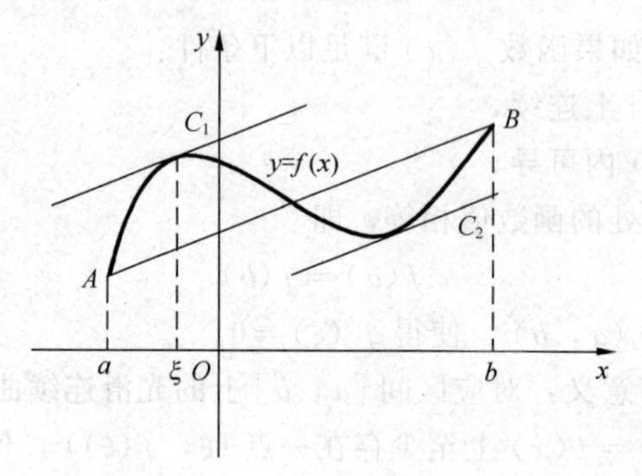

图 3-2

令 $k=\frac{f(b)-f(a)}{b-a}$，要证结论 $f'(\xi)=k$ 等价于证明 $f'(\xi)-k=0\Leftrightarrow\left[f'(x)-k\right]\Big|_{x=\xi}=0\Leftrightarrow\left[f(x)-kx\right]'\Big|_{x=\xi}=0$，因此可以用罗尔定理证明此结论。

证明 做辅助函数 $F(x)=f(x)-kx$，其中 $k=\frac{f(b)-f(a)}{b-a}$，则 $F(x)$ 在 $[a,b]$ 上连续，在 (a,b) 内可导，且

$$F(a)=f(a)-ka=f(a)-\frac{f(b)-f(a)}{b-a}a=\frac{bf(a)-af(b)}{b-a}$$

$$F(b)=f(b)-kb=f(b)-\frac{f(b)-f(a)}{b-a}b=\frac{bf(a)-af(b)}{b-a}$$

即
$$F(a)=F(b)$$

满足罗尔定理，至少存在一点 $\xi \in (a, b)$，使得

$$F'(\xi)=f'(\xi)-k=0$$

即
$$f'(\xi)=\frac{f(b)-f(a)}{b-a}$$

由拉格朗日中值定理，还可以得到下面两个常用的结论。

推论 1　$f'(x)\equiv 0$，$a<x<b$ 的充要条件是 $f(x)\equiv c$，$a<x<b$，c 为常数。

推论 2　若对 $\forall x \in (a, b)$，$f'(x)=g'(x)$，则 $f(x)=g(x)+c$，c 为常数。

由推论 1 可得 $F(x)=f(x)-g(x)=c$，c 为常数，即 $f(x)=g(x)+c$。

例 3　设 $f(x)=\sin x$，$x\in\left[0, \frac{\pi}{2}\right]$，求满足拉格朗日中值定理的 ξ 值。

解　$f(x)$ 在 $\left[0, \frac{\pi}{2}\right]$ 上连续，在 $\left(0, \frac{\pi}{2}\right)$ 内可导，满足拉格朗日中值定理，至少存在一点 $\xi \in (a, b)$，使得

$$f'(\xi)=\frac{f\left(\frac{\pi}{2}\right)-f(0)}{\frac{\pi}{2}-0}$$

$$f(0)=0,\ f\left(\frac{\pi}{2}\right)=1,\ f'(x)=\cos x,\ f'(\xi)=\cos\xi$$

$$1-0=\cos\xi\left(\frac{\pi}{2}-0\right),\ \text{即}\ \cos\xi=\frac{2}{\pi},\ \xi=\arccos\frac{2}{\pi}$$

*__例 4__　证明不等式 $\frac{x}{1+x}<\ln(1+x)<x$，$x>0$。

证明　令 $f(x)=\ln(1+x)$，则 $f(x)$ 在 $[0, x]$ 上连续，在 $(0, x)$ 内可导，所以，至少存在一点 $\xi \in (0, x)$，使得

$$f'(\xi)=\frac{1}{1+\xi}=\frac{f(x)-f(0)}{x-0}=\frac{\ln(1+x)}{x}$$

即
$$\ln(1+x)=\frac{x}{1+\xi},\ \xi\in(0, x)$$

所以
$$\frac{x}{1+x}<\frac{x}{1+\xi}<x,\ \xi\in(0, x)$$

即 $\frac{x}{1+x}<\ln(1+x)<x$。

*三、柯西中值定理

定理 3（Cauchy 中值定理）　如果函数 $f(x)$，$g(x)$ 满足以下条件：

(1) 在闭区间 $[a, b]$ 上连续，

(2) 在开区间 (a, b) 内可导，

(3) $g(x)\neq 0$，$x\in(a, b)$，

则至少存在一点 $\xi \in (a, b)$，使得

$$\frac{f'(\xi)}{g'(\xi)}=\frac{f(b)-f(a)}{g(b)-g(a)}。$$

证明 略

*__例 5__ 设 $0<a<b$，$f(x)$ 在 $[a,b]$ 上连续，在 (a,b) 内可导，试证：至少存在一点 $\xi\in(a,b)$，使得 $f(\xi)-\xi f'(\xi)=\dfrac{bf(a)-af(b)}{b-a}$。

证明 令 $F(x)=\dfrac{f(x)}{x}$，$G(x)=\dfrac{1}{x}$，$F(x)$，$G(x)$ 在 $[a,b]$ 上连续，在 (a,b) 内可导，且 $G'(x)=-\dfrac{1}{x^2}\neq 0$，$x\in(a,b)$，由柯西中值定理，至少存在一点 $\xi\in(a,b)$，使得

$$\frac{F'(\xi)}{G'(\xi)}=\frac{F(b)-F(a)}{G(b)-G(a)}=\frac{bf(a)-af(b)}{b-a}$$

而

$$\frac{F'(\xi)}{G'(\xi)}=f(\xi)-\xi f'(\xi)$$

由以上两式可得 $f(\xi)-\xi f'(\xi)=\dfrac{bf(a)-af(b)}{b-a}$，结论得证。

习题 3.1

1. 下列函数在给定区间上是否满足罗尔定理的条件？如满足，求出定理中的数值 ξ。

(1) $f(x)=x^2$，$[-5,5]$　　(2) $f(x)=2x^2-x-3$，$[-1,1.5]$

2. 证明方程 $x^2+2x+1=0$ 在 $(-1,0)$ 内存在唯一的实根。

*3. 证明下列不等式。

(1) $\dfrac{b-a}{b}<\ln\dfrac{b}{a}<\dfrac{b-a}{a}$，$(0<a<b)$　　(2) $|\arctan x_1-\arctan x_2|\leqslant|x_1-x_2|$

*4. 试证：$f(x)$ 在 (a,b) 内可导，且 $f'(x)\geqslant m$，则 $f(b)\geqslant f(a)+m(b-a)$。

*5. 设 $0<a<b$，函数 $f(x)$ 在 $[a,b]$ 上连续，在 (a,b) 内可导，试证：至少存在一点 $\xi\in(a,b)$，使得 $f(b)-f(a)=\xi f'(\xi)\ln\dfrac{b}{a}$。

第二节　洛必达法则

在前面我们介绍了 $\dfrac{0}{0}$ 型和 $\dfrac{\infty}{\infty}$ 型未定式，对于这两种形式的未定式，根据具体情况常用等价无穷小、有理化、同除分母最高次幂等方法求其极限。本节介绍借助导数求解这两类未定式的一般方法——**洛必达法则**。

一、$\dfrac{0}{0}$ 型与 $\dfrac{\infty}{\infty}$ 型未定式

定理(洛必达法则) 若在某一变化过程中有

(1) $\lim f(x)=\lim g(x)=0$(或 ∞)，

(2) $f'(x)$，$g'(x)$ 都存在，且 $g'(x)\neq 0$，

(3) $\lim \dfrac{f'(x)}{g'(x)}$ 存在(或为 ∞)，

则

$$\lim \frac{f(x)}{g(x)}=\lim \frac{f'(x)}{g'(x)}。$$

该定理表明，对于$\dfrac{0}{0}$型与$\dfrac{\infty}{\infty}$型未定式，若分子分母分别求导后有极限 a (或∞)，则原未定式也收敛于 a (或为∞)。

例 1　求极限 $\lim\limits_{x\to 2}\dfrac{x^4-16}{x-2}$。

解　$\lim\limits_{x\to 2}\dfrac{x^4-16}{x-2}\overset{\frac{0}{0}}{=\!=}\lim\limits_{x\to 2}\dfrac{4x^3}{1}=32$。

例 2　求极限 $\lim\limits_{x\to 0}\dfrac{\sin 2x}{x}$。

解　$\lim\limits_{x\to 0}\dfrac{\sin 2x}{x}\overset{\frac{0}{0}}{=\!=}\lim\limits_{x\to 0}\dfrac{2\cos 2x}{1}=2$。

例 3　求极限 $\lim\limits_{x\to 0}\dfrac{x-\sin x}{x^3}$。

解　$\lim\limits_{x\to 0}\dfrac{x-\sin x}{x^3}\overset{\frac{0}{0}}{=\!=}\lim\limits_{x\to 0}\dfrac{1-\cos x}{3x^2}\overset{\frac{0}{0}}{=\!=}\lim\limits_{x\to 0}\dfrac{\sin x}{6x}\overset{\frac{0}{0}}{=\!=}\lim\limits_{x\to 0}\dfrac{\cos x}{6}=\dfrac{1}{6}$。

例 4　求极限 $\lim\limits_{x\to +\infty}\dfrac{2x^2}{e^x}$。

解　$\lim\limits_{x\to +\infty}\dfrac{2x^2}{e^x}\overset{\frac{\infty}{\infty}}{=\!=}\lim\limits_{x\to +\infty}\dfrac{4x}{e^x}\overset{\frac{\infty}{\infty}}{=\!=}\lim\limits_{x\to +\infty}\dfrac{4}{e^x}=0$。

例 5　求极限 $\lim\limits_{x\to +\infty}\dfrac{\ln x}{x^2}$。

解　$\lim\limits_{x\to +\infty}\dfrac{\ln x}{x^2}\overset{\frac{\infty}{\infty}}{=\!=}\lim\limits_{x\to +\infty}\dfrac{\frac{1}{x}}{2x}=\lim\limits_{x\to +\infty}\dfrac{1}{2x^2}=0$。

注　利用洛必达法则求极限时，若求导之后仍满足定理，则可继续使用法则直至求出极限或法则失效；在求极限的过程中，可结合其他求极限的方法以提高计算效率，例如等价无穷小的替换、分式的化简、重要极限等可以大大简化计算过程；注意，洛必达法则是原未定式有极限(或为∞)的充分条件，若求导之后无极限也不是无穷大，原未定式仍可能有极限。

例 6　求极限 $\lim\limits_{x\to +\infty}\dfrac{x+\sin x}{x}$。

解　若用洛必达法则

$$\lim_{x\to +\infty}\frac{x+\sin x}{x}\overset{\frac{\infty}{\infty}}{=\!=}\lim_{x\to +\infty}\frac{1+\cos x}{1}=\lim_{x\to +\infty}(1+\cos x)$$

无极限。

但注意到

$$\lim_{x\to+\infty}\frac{x+\sin x}{x}=\lim_{x\to+\infty}\left(1+\frac{\sin x}{x}\right)=1+\lim_{x\to+\infty}\frac{\sin x}{x}=1。$$

例 7 求极限 $\lim\limits_{x\to+\infty}\dfrac{e^x+e^{-x}}{e^x-e^{-x}}$。

解 若用洛必达法则

$$\lim_{x\to+\infty}\frac{e^x+e^{-x}}{e^x-e^{-x}}\overset{\frac{\infty}{\infty}}{=\!=}\lim_{x\to+\infty}\frac{e^x-e^{-x}}{e^x+e^{-x}}\overset{\frac{\infty}{\infty}}{=\!=}\lim_{x\to+\infty}\frac{e^x+e^{-x}}{e^x-e^{-x}}$$

求导之后，会出现无效的循环，不能直接求出该极限，法则失效。

但对原未定式分子分母同除 e^x 可得

$$\lim_{x\to+\infty}\frac{e^x+e^{-x}}{e^x-e^{-x}}=\lim_{x\to+\infty}\frac{1+e^{-2x}}{1-e^{-2x}}=1。$$

***例 8** 求极限 $\lim\limits_{x\to0}\dfrac{\tan x-x}{x^2\sin x}$。

解 $$\lim_{x\to0}\frac{\tan x-x}{x^2\sin x}=\lim_{x\to0}\frac{\tan x-x}{x^3}\frac{x}{\sin x}=\lim_{x\to0}\frac{\tan x-x}{x^3}$$

$$=\lim_{x\to0}\frac{\sec^2x-1}{3x^2}=\lim_{x\to0}\frac{\tan^2x}{3x^2}=\frac{1}{3}。$$

二、其他形式的未定式（$0\cdot\infty$，$\infty-\infty$，0^0，1^∞，∞^0）

1. $0\cdot\infty$型未定式

对于 $0\cdot\infty$型未定式可通过恒等变换

$$0\cdot\infty=\frac{0}{\frac{1}{\infty}}=\frac{0}{0}\text{ 或 }0\cdot\infty=\frac{\infty}{\frac{1}{0}}=\frac{\infty}{\infty}$$

化为$\dfrac{0}{0}$型或$\dfrac{\infty}{\infty}$型未定式，利用洛必达法则计算。变换要照顾到求导的方便。

例 9 求极限 $\lim\limits_{x\to0^+}x^2\ln x$。

解 $$\lim_{x\to0^+}x^2\ln x=\lim_{x\to0^+}\frac{\ln x}{\frac{1}{x^2}}\overset{\frac{\infty}{\infty}}{=\!=}\lim_{x\to0^+}\frac{\frac{1}{x}}{-\frac{2}{x^3}}=\lim_{x\to0^+}\left(-\frac{x^2}{2}\right)=0$$

例 10 求极限 $\lim\limits_{x\to0^+}x\cot x$。

解 $$\lim_{x\to0^+}x\cot x=\lim_{x\to0^+}x\frac{\cos x}{\sin x}=\lim_{x\to0^+}\frac{x}{\sin x}\cos x=\lim_{x\to0^+}\frac{x}{\sin x}\lim_{x\to0^+}\cos x$$

$$=\lim_{x\to0^+}\frac{x}{\sin x}\overset{\frac{0}{0}}{=\!=}\lim_{x\to0^+}\frac{1}{\cos x}=1。$$

2. $\infty-\infty$型未定式

该种形式的未定式可利用通分化为$\dfrac{0}{0}$型或$\dfrac{\infty}{\infty}$型未定式。

*例 11　求极限 $\lim\limits_{x\to1}\left(\dfrac{x}{x-1}-\dfrac{1}{\ln x}\right)$。

解

$$\lim_{x\to1}\left(\frac{x}{x-1}-\frac{1}{\ln x}\right)=\lim_{x\to1}\frac{x\ln x-x+1}{(x-1)\ln x}\overset{\frac{0}{0}}{=\!=}\lim_{x\to1}\frac{\ln x}{\ln x+1-\dfrac{1}{x}}\overset{\frac{0}{0}}{=\!=}\lim_{x\to1}\frac{\dfrac{1}{x}}{\dfrac{1}{x}+\dfrac{1}{x^2}}=\frac{1}{2}。$$

3. 0^0, 1^∞, ∞^0 型未定式

一般做法是，先化为以 e 为底的复合函数，然后利用指数函数的连续性转化直接求指数的极限。

例 12　求下列 0^0 型未定式的极限。

(1) $\lim\limits_{x\to0^+}x^x$　　(2) $\lim\limits_{x\to0^+}(\sin x)^{\frac{1}{\ln x}}$

解　(1) $\lim\limits_{x\to0^+}x^x=\lim\limits_{x\to0^+}e^{x\ln x}=e^{\lim\limits_{x\to0^+}\frac{\ln x}{x^{-1}}}=e^{\lim\limits_{x\to0^+}\frac{\frac{1}{x}}{-x^{-2}}}=e^{-\lim\limits_{x\to0^+}x}=1$。

(2) $\lim\limits_{x\to0^+}(\sin x)^{\frac{1}{\ln x}}=\lim\limits_{x\to0^+}e^{\frac{\ln\sin x}{\ln x}}=e^{\lim\limits_{x\to0^+}\frac{\ln\sin x}{\ln x}}=e^{\lim\limits_{x\to0^+}\frac{\frac{\cos x}{\sin x}}{\frac{1}{x}}}=e^{\lim\limits_{x\to0^+}\frac{x\cos x}{\sin x}}$

$=e^{\lim\limits_{x\to0^+}\frac{x}{\sin x}\lim\limits_{x\to0^+}\cos x}=e^{\lim\limits_{x\to0^+}\frac{1}{\cos x}}=e$。

例 13　求下列 1^∞ 型未定式的极限。

$\lim\limits_{x\to0}(\cos x)^{\frac{1}{x^2}}$。

解　$\lim\limits_{x\to0}(\cos x)^{\frac{1}{x^2}}=\lim\limits_{x\to0}e^{\frac{\ln\cos x}{x^2}}=e^{\lim\limits_{x\to0}\frac{\ln\cos x}{x^2}}=e^{\lim\limits_{x\to0}\frac{-\tan x}{2x}}=e^{-\lim\limits_{x\to0}\frac{1}{2}}=e^{-\frac{1}{2}}$。

*例 14　计算下列极限。

(1) $\lim\limits_{x\to0^+}(\cot x)^{\frac{1}{\ln x}}$　　(2) $\lim\limits_{x\to\frac{\pi}{2}}(\sin x)^{\tan x}$

解　(1)该极限为∞^0 型未定式

$$\lim_{x\to0^+}(\cot x)^{\frac{1}{\ln x}}=e^{\lim\limits_{x\to0^+}\frac{\ln\cot x}{\ln x}}=e^{\lim\limits_{x\to0^+}\frac{\frac{1}{\cos x}(-\csc 2x)}{\frac{1}{x}}}=e^{\lim\limits_{x\to0^+}\frac{x}{\sin x\cos x}}=e^{-1}。$$

(2) 该极限为 1^∞ 型未定式

$$\lim_{x\to\frac{\pi}{2}}(\sin x)^{\tan x}=e^{\lim\limits_{x\to\frac{\pi}{2}}\frac{\ln\sin x}{\cot x}}=e^{\lim\limits_{x\to\frac{\pi}{2}}\frac{\frac{\cos x}{\sin x}}{\frac{1}{\sin^2 x}}}=e^{\lim\limits_{x\to\frac{\pi}{2}}\sin x\cos x}=1。$$

习题 3.2

1. 求下列极限。

(1) $\lim\limits_{x\to1}\dfrac{x^4-1}{x-1}$　　(2) $\lim\limits_{x\to0}\dfrac{(1+x)^2-1}{x}$

(3) $\lim\limits_{x\to0^+}\dfrac{\ln\cot x}{\ln x}$　　(4) $\lim\limits_{x\to0}\dfrac{e^x-e^{-x}-2x}{x-\sin x}$

2. 求下列极限。

(1) $\lim\limits_{x\to 0}\left(\dfrac{1}{x}-\dfrac{1}{e^{x}-1}\right)$　　(2) $\lim\limits_{x\to 1}(1-x)\tan\dfrac{\pi x}{2}$

(3) $\lim\limits_{x\to 1}x^{\frac{1}{1-x}}$　　(4) $\lim\limits_{x\to 0}\left(1+\dfrac{1}{x^{2}}\right)^{x}$

(5) $\lim\limits_{x\to +\infty}\left(\dfrac{\pi}{2}-\arctan x\right)^{\frac{1}{\ln x}}$　　(6) $\lim\limits_{x\to 0}\cot x\left(\dfrac{1}{\sin x}-\dfrac{1}{x}\right)$

(7) $\lim\limits_{x\to 0^{+}}(\cot x)^{\frac{1}{\ln x}}$　　(8) $\lim\limits_{x\to 0^{+}}(x+e^{x})^{\frac{1}{x}}$

(9) $\lim\limits_{x\to 0^{+}}(\arcsin x)^{\tan x}$

第三节　函数的单调性与极值

一、函数的单调性

定理 1　设函数 $f(x)$ 在闭区间 $[a, b]$ 上连续，在开区间 (a, b) 内可导。

(1) 若 $\forall x\in(a, b)$ 都有 $f'(x)>0$，则 $f(x)$ 在 $[a, b]$ 上单调递增。

(2) 若 $\forall x\in(a, b)$ 都有 $f'(x)<0$，则 $f(x)$ 在 $[a, b]$ 上单调递减。

证明　(1) $\forall x_1<x_2\in[a, b]$，显然，$f(x)$ 在 $[x_1, x_2]$ 上连续，在 (x_1, x_2) 内可导。

由拉格朗日中值定理可知，必 $\exists\xi\in(x_1, x_2)$，使得

$$f(x_2)-f(x_1)=f'(\xi)(x_2-x_1)$$

又因 $f'(\xi)>0$，因而 $f(x_2)-f(x_1)<0$，所以 $f(x)$ 在 $[a, b]$ 上单调递增。

同理可证(2)成立。

定义 1　若 $f'(x_0)=0$，则称 x_0 为 $f(x)$ 的一个驻点。

例 1　讨论函数 $f(x)=x^2-2x+2$ 在 $(-\infty, +\infty)$ 的单调性。

解　对函数求导得 $f'(x)=2x-2$。

当 $x>1$ 时，$f'(x)>0$，函数在 $(1, +\infty)$ 单调递增；

当 $x<1$ 时，$f'(x)<0$，函数在 $(-\infty, 1)$ 单调递减。

例 2　讨论函数 $f(x)=\sqrt[3]{x^2}$ 在 $(-\infty, +\infty)$ 上的单调性。

解　对函数 $f(x)$ 求导得 $f'(x)=\dfrac{2}{3}x^{-\frac{1}{3}}$。

当 $x>0$ 时，$f'(x)>0$，函数在 $(0, +\infty)$ 单调递增；

当 $x<0$ 时，$f'(x)<0$，函数在 $(-\infty, 0)$ 单调递减。

显然，在 $x=0$ 处导数不存在。

例 3　讨论函数 $f(x)=x^3$ 在 $(-\infty, +\infty)$ 上的单调性。

解　对函数求导得 $f'(x)=3x^2$。

当 $x>0$ 时，$f'(x)>0$，函数在 $(0, +\infty)$ 单调递增；

当 $x<0$ 时，$f'(x)>0$，函数在 $(-\infty, 0)$ 单调递增。

显然，$x=0$ 为该函数的驻点，但它不是导数正负的分界点。

由上面讨论知：增减区间的分界点在函数的驻点与一阶导数不存在的点中产生，驻点不一定是增减区间的分界点。求出驻点和一阶导数不存在的点后还需观察导数的正负。

二、求函数单调区间的步骤

(1) 确定函数的定义域；

(2) 求出导数 $f'(x)$，求得 $f(x)$ 的全部驻点并确定不可导点；

(3) 用不可导点和驻点将定义域分成若干子区间，考察 $f'(x)$ 各子区间的符号的正负；

(4) 确定单调增减区间。

例 4　讨论函数 $y=(x-2)^2(x+1)$ 的单调性。

解　① 函数 $y=(x-2)^2(x+1)$ 的定义域为 $(-\infty, +\infty)$；

② $y'=2(x-2)(x+1)+(x-2)^2=3x^2-6x=3x(x-2)$；

③ 令 $y'=0$ 得驻点 $x=0, 2$。用 $x=0, 2$ 将定义域分成3部分，列表讨论如下(见表3-1)。

表 3-1

x	$(-\infty, 0)$	0	$(0, 2)$	2	$(2, +\infty)$
y'	+	0	−	0	+
$y=f(x)$	↗		↘		↗

④ 所以该函数的增区间为 $(-\infty, 0)$ 和 $(2, +\infty)$；减区间为 $(0, 2)$。

***例 5**　证明：当 $x>1$ 时，$2\sqrt{x}>3-\dfrac{1}{x}$。

证明　令 $f(x)=2\sqrt{x}-(3-\dfrac{1}{x})$，则

$$f'(x)=\frac{1}{\sqrt{x}}-\frac{1}{x^2}>0, x\in(1, +\infty)$$

所以函数 $f(x)$ 在区间 $[1, +\infty)$ 上单调递增。

$\forall x>1$，有

$$2\sqrt{x}-(3-\frac{1}{x})=f(x)>f(1)=0$$

即 $2\sqrt{x}>3-\dfrac{1}{x}$。

三、函数的极值

定义 2　若对于 $\forall x\in\mathring{U}(x_0)$，都有 $f(x)<f(x_0)$（或 $f(x)>f(x_0)$），则称 $f(x_0)$ 为 $f(x)$ 的一个**极大值(极小值)**，而 x_0 称为 $f(x)$ 的**极大(小)值点**。

定理 2(第一充分条件)　设 $f(x)$ 在 x_0 的某个邻域 $(x_0-\delta, x_0+\delta)$ 内连续，去心邻域内可导。

(1) 若当 $x\in(x_0-\delta, x_0)$ 时，$f'(x)>0$；$x\in(x_0, x_0+\delta)$ 时 $f'(x)<0$，则 $f(x_0)$

为极大值。

(2) 若当 $x \in (x_0-\delta, x_0)$ 时，$f'(x)<0$；$x \in (x_0, x_0+\delta)$ 时 $f'(x)>0$，则 $f(x_0)$ 为极小值。

(3) 若 $f'(x)$ 在 x_0 两侧同号，则 $f(x_0)$ 不是极值。

定理的正确性可借助图 3－3 理解。

通常按如下步骤求函数的极值点和极值。

① 求出导数 $f'(x)$，并确定不可导点；

② 令 $f'(x)=0$，求得 $f(x)$ 的全部驻点；

③ 用不可导点和驻点将定义域分成若干子区间，考察 $f'(x)$ 的符号在上述所有点的左、右邻近的情形，以便确定这些点是否为极值点，进一步还要确定对应的函数值是极大值还是极小值；

④ 求出各极值点处的函数值，就得到函数 $f(x)$ 的全部极值。

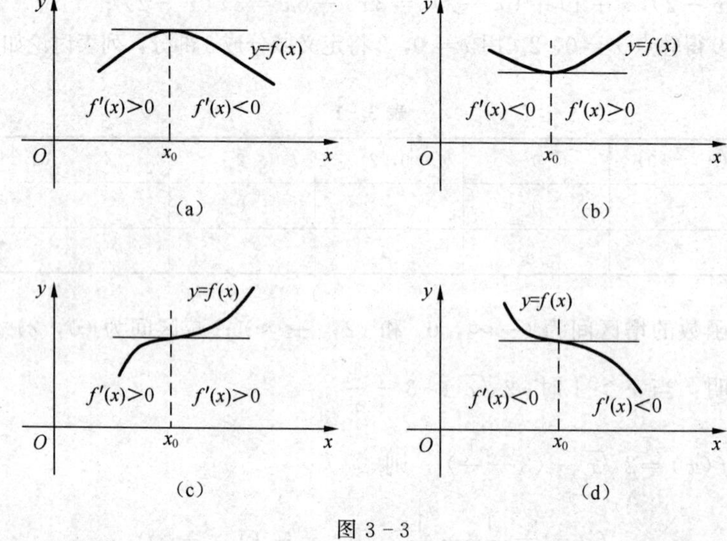

图 3－3

例 6 求函数 $y=(x-2)^2(x+1)$ 的极值。

解 $y'=2(x-2)(x+1)+(x-2)^2=3x^2-6x=3x(x-2)$

令 $y'=0$ 得驻点 $x=0$，2。用 $x=0$，2 将定义域分成 3 部分，列表讨论(见表 3－2)。

表 3－2

x	$(-\infty, 0)$	0	$(0, 2)$	2	$(2, +\infty)$
y'	+	0	—	0	+
$y=f(x)$	↗	4(极大)	↘	0(极小)	↗

所以，当 $x=0$ 时，取得极大值 4；$x=2$ 时，取得极小值 0。

定理 3(第二充分条件) 设 $f(x)$ 在 x_0 处二阶可导，且 $f'(x_0)=0$。

(1) 若 $f''(x_0)<0$，则 $f(x_0)$ 为极大值。

(2) 若 $f''(x_0)>0$，则 $f(x_0)$ 为极小值。

(3) 当 $f''(x_0)=0$ 时，$f(x_0)$ 可能是极大值或极小值，也可能不是极值。进一步判定可借助第一充分条件或更高阶导数。

例 7　求函数 $f(x)=(x^2-1)^3+1$ 的极值。

解　$f'(x)=3(x^2-1)^2(2x)=6x(x^2-1)^2$，

令 $f'(x)=0$，得 $x_1=-1$，$x_2=0$，$x_3=1$，

$$f''(x)=6(x^2-1)^3+6x\cdot 2\cdot(x^2-1)(2x)=6(x^2-1)(5x^2-1)$$

由于 $f''(-1)=f''(1)=0$，因此无法用第二充分条件判定极值。

列表分析，如表 3-3 所示。

表 3-3

x	$(-\infty, -1)$	$(-1, 0)$	$(0, 1)$	$(1, +\infty)$
$f'(x)$	$-$	$-$	$+$	$+$

从上表可看出 $f(x)$ 在 $x_1=-1$ 及 $x_3=1$ 点处无极值。

又 $f''(0)=6>0$，从而 $f(0)=0$ 为函数的极小值。

四、函数的最值

若 $f(x)$ 在区间 $[a, b]$ 上连续，由闭区间连续函数的性质可知，$f(x)$ 必能取到最大值和最小值。接下来，我们讨论如何求 $f(x)$ 的最值和最值点。

初等函数 $f(x)$ 在区间 $[a, b]$ 上的最值，可能在端点处取到，也可能在区间 (a, b) 内取到。若最值落在区间内部，则必为极值，而极值点只可能是驻点或不可导点。因此，最值只可能在端点或该区间内的驻点、不可导点中取到，因此求最值只须求出上述点的函数值，加以比较，最大的为最大值，最小的为最小值。

例 8　求函数 $f(x)=\dfrac{x^3}{3}-x^2-8x+5$，在 $[-3, 5]$ 上的最大值与最小值。

解　$f'(x)=x^2-2x-8$，令 $f'(x)=0$，得驻点 $x_1=-2$，$x_2=4$。

由于 $f(-3)=11$，$f(-2)=\dfrac{43}{3}$，$f(4)=-\dfrac{65}{3}$，$f(5)=-\dfrac{55}{3}$。因此，$f(-2)=\dfrac{43}{3}$，$f(4)=-\dfrac{65}{3}$ 分别为函数在 $[-3, 5]$ 上的最大值与最小值。

例 9　某商品的需求量 Q 是价格 P 的函数 $Q(P)=75-P^2$，问 P 为何值时，总收益最大？

解　总收益 $R=PQ(P)=75P-P^3$，$P\in(0, +\infty)$，

令 $R'(P)=75-3P^2=0$，得 $P=5$，由实际问题可知，(R 必有最大值，且落在区间 $(0, +\infty)$ 内部，故必为极值，而函数没有不可导点，因而最大值点必为驻点。注意到，$R(P)$ 在 $(0, +\infty)$ 有唯一驻点 $P=5$，因此，$P=5$ 必为最大值点)价格 $P=5$ 时，总收益最大。

例 10　铁路线上 AB 段的距离为 100 km。工厂 C 距离 A 处为 20 km，AC 垂直于 AB。为了运输方便，需要在 AB 线上选一个点 D 向工厂修筑一条公路，已知铁路每公里货运的运费与公路上每公里货运的运费之比为 3∶5，为了使货物从供应站 B 运到工厂 C

的运费最省，问 D 点应选在何处？

解 设 $AD=x(\text{km})$，那么 $DB=100-x$，$CD=\sqrt{20^2+x^2}$。

由于铁路每公里货运的运费与公路上每公里货运的运费之比为 3∶5，不妨设铁路每公里货运的运费 $3k$，公路上每公里货运的运费 $5k$，设从 B 点到 C 点需要的总运费为 y，那么 $y=5k\sqrt{400+x^2}+3k(100-k)$，$(0\leqslant x\leqslant 100)$

现在，问题就归结为：x 在 $[0,100]$ 内取何值时目标函数 y 的值最小。

$$y'=k\left(\frac{5x}{\sqrt{400+x^2}}-3\right)，令 y'=0，得 x=15(\text{km})$$

$y|_{x=0}=400k$，$y|_{x=15}=380k$，$y|_{x=100}=500k$，因此，当 $AD=x=15(\text{km})$ 时，总运费最省。

习题 3.3

1. 求下列函数的单调区间和极值。

(1) $y=x^4-2x^2+2$　　(2) $y=x-e^x$

(3) $y=x^2e^{-x}$　　(4) $y=(x-1)(x+1)^3$

2. 求下列函数在指定区间上的最值。

(1) $y=2x^2(x-6)$，$[-2,4]$

(2) $y=\dfrac{x^2}{1+x}$，$\left[-\dfrac{1}{2},1\right]$

(3) $y=x-\sin x$，$\left[-\dfrac{\pi}{2},\dfrac{\pi}{2}\right]$

(4) $y=\sin x-\cos x$，$\left[0,\dfrac{\pi}{3}\right]$

3. 设某厂生产某产品的固定成本为 60 000(元)，可变成本为 $20Q$，Q 为产量。假设产销平衡，价格函数为 $P=60-\dfrac{Q}{1000}$(元)。问：Q 为多少时该厂能获最大利润，其利润是多少？

4. 将边长为 a 的一块正方形铁皮，四角各截去一个大小相同的小正方形，然后将四边折起做成一个无盖的方盒。问截掉的小正方形边长为多大时，所得方盒的容积最大？

第四节 曲线的凹凸性与拐点

在第三节中，我们讨论了函数的单调性，反映在图形上就是曲线上升或下降。但在上升或下降的过程中还有弯曲方向的问题，即曲线的凹凸性。

一、曲线的凹凸性

1. 定义

设 $f(x)$ 在区间 I 上连续，若对于 $\forall x_1, x_2\in I$，如果恒有

(1) $f\left(\dfrac{x_1+x_2}{2}\right)<\dfrac{f(x_1)+f(x_2)}{2}$，称 $f(x)$ 在 I 上图形是凹的，如图 3-4(a)所示；

(2) $f\left(\frac{x_1+x_2}{2}\right)>\frac{f(x_1)+f(x_2)}{2}$，称 $f(x)$ 在 I 上图形是凸的，如图 3-4(b)所示。

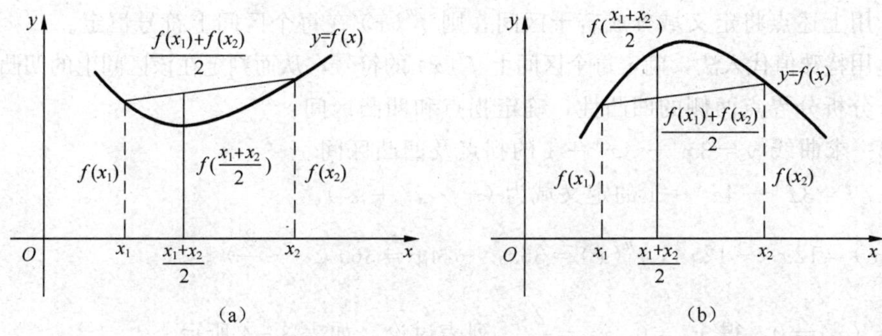

图 3-4

2. 几何意义

如图 3-5(a)所示，过凸曲线上任一点做曲线的切线，切线都在曲线的上方。

如图 3-5(b)所示，过凹曲线上任一点做曲线的切线，切线都在曲线的下方。

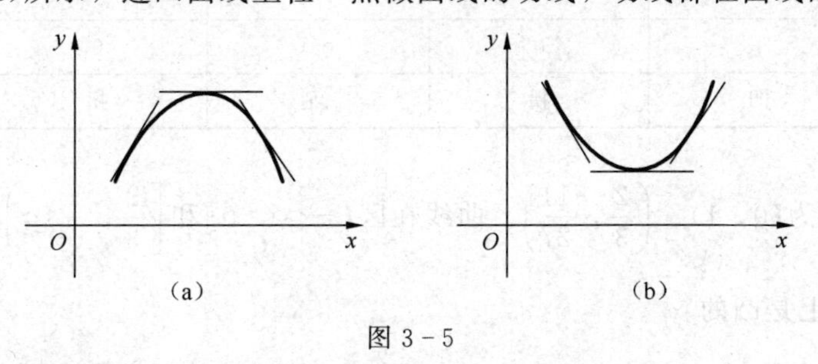

图 3-5

下面给出借助函数的二阶导数判断曲线凹凸性的方法。

定理　设 $f(x)$ 在区间 $[a, b]$ 上连续，且在 (a, b) 内二阶可导。

(1) 若 $\forall x\in(a, b)$ 恒有 $f''(x)>0$，则 $f(x)$ 在 $[a, b]$ 上的图形是凹的。

(2) 若 $\forall x\in(a, b)$ 恒有 $f''(x)<0$，则 $f(x)$ 在 $[a, b]$ 上的图形是凸的。

例 1　判断曲线 $y=x^3$ 的凹凸性。

解　$f'(x)=3x^2$，$f''(x)=6x$，

当 $x\in(-\infty, 0)$ 时，$f''(x)<0$，曲线凸区间为 $(-\infty, 0]$；

当 $x\in(0, +\infty)$ 时，$f''(x)>0$，曲线凹区间为 $[0, +\infty)$。

注意到，$x=0$ 两侧曲线的凹凸性互异，我们称该点为曲线的拐点。

二、曲线的拐点

定义　连续曲线凹凸性改变的分界点称为曲线的**拐点**。

类似于对极值第一充分条件的讨论，若 $f(x)$ 在点 $x=x_0$ 两侧的二阶导数异号，则 $x=x_0$ 必为拐点，否则不是拐点。因此，对于初等函数的曲线，我们只须在二阶导数符号改变的点中寻找拐点。若 $f''(x)$ 连续，则 $f''(x)$ 正负改变的点必为 $f''(x)=0$ 的点，另外二阶不可导点两侧的 $f''(x)$ 可能异号。

经上述讨论可得求拐点和凹凸区间的一般方法。

(1) 求出 $f(x)$ 的定义域。

(2) 求出 $f(x)$ 的所有二阶导数为零的点和二阶不可导点。

(3) 用上述点将定义域分成若干区间，则 $f''(x)$ 在每个区间上符号恒定。

(4) 用特殊值代入法，确定每个区间上 $f''(x)$ 的符号，从而判定在该区间上的凹凸性。

(5) 分析分界点两侧的凹凸性，确定拐点和凹凸区间。

例 2　求曲线 $y=3x^4-4x^3+1$ 的拐点及凹凸区间。

解　$y=3x^4-4x^3+1$ 的定义域为 $(-\infty, +\infty)$。

$f'(x)=12x^3-12x^2$，$f''(x)=36x^2-24x=36x\left(x-\frac{2}{3}\right)$。

令 $f''(x)=0$，得 $x_1=0$，$x_2=\frac{2}{3}$。列表讨论，如表 3-4 所示。

表 3-4

x	$(-\infty, 0)$	0	$\left(0, \frac{2}{3}\right)$	$\frac{2}{3}$	$\left(\frac{2}{3}, +\infty\right)$
$f''(x)$	+	0	−	0	+
$f(x)$	凹	拐	凸	拐	凹

曲线的拐点为 $(0, 1)$、$\left(\frac{2}{3}, \frac{11}{27}\right)$。曲线在区 $(-\infty, 0]$ 和 $\left[\frac{2}{3}, +\infty\right)$ 上是凹的；曲线在区间 $\left[0, \frac{2}{3}\right]$ 上是凸的。

习题 3.4

确定下列曲线的凹凸区间和拐点。

(1) $y=x^2-x^3$　　(2) $y=\frac{1}{4-2x+x^2}$

(3) $y=xe^x$　　(4) $y=\frac{x^2}{x-1}$

第五节　函数的作图

一、曲线的渐近线

定义　如果曲线上的一点沿曲线趋于无穷远时，该点与某直线的距离趋于 0，则称该直线为所给曲线的**渐近线**。

通常渐近线分为水平渐近线、铅垂渐近线和斜渐近线 3 种。我们只研究水平渐近线和铅垂渐近线。

1. 水平渐近线

若对于函数 $f(x)$，x 单侧趋于无穷时有极限

$$\lim_{\substack{x \to +\infty \\ (-\infty)}} f(x) = a$$

则称直线 $y=a$ 为曲线 $y=f(x)$ 的一条**水平渐近线**。

例 1　求曲线 $y=\dfrac{1}{x+1}$ 的水平渐近线。

解　由于 $\lim\limits_{x \to \pm\infty} \dfrac{1}{x+1}=0$，故 $y=0$ 是曲线的一条渐近线，如图 3－6 所示。

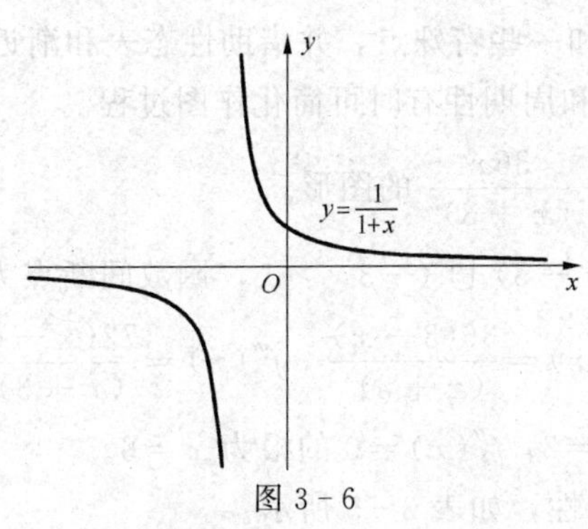

图 3－6

2. 铅垂渐近线

若点 $x=x_0$ 为函数 $y=f(x)$ 的一个无穷间断点，即

$$\lim_{x \to x_0^+} f(x)=\infty \text{ 或 } \lim_{x \to x_0^-} f(x)=\infty$$

则称直线 $x=x_0$ 为曲线 $y=f(x)$ 的一条**铅垂渐近线**。

例 2　求 $y=\dfrac{1}{1+2x}$ 的铅垂渐近线。

解　$x=-\dfrac{1}{2}$ 为函数的间断点，且有 $\lim\limits_{x \to -\frac{1}{2}} \dfrac{1}{1+2x}=\infty$，故直线 $x=-\dfrac{1}{2}$ 为曲线 $y=\dfrac{1}{1+2x}$ 的铅垂渐近线，如图 3－7 所示。

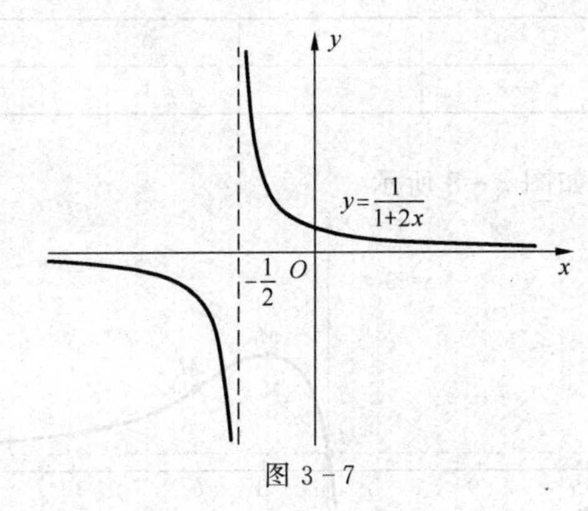

图 3－7

二、函数的作图法

通过前面几节的讨论可知，借助导数可确定函数的一些性态，而这些性态常用于函数的作图。函数作图一般分为以下几个步骤。

(1) 确定函数 $y=f(x)$ 的定义域，求出函数的 $f'(x)$ 和 $f''(x)$。

(2) 求出方程 $f'(x)=0$ 和 $f''(x)=0$ 的全部实根，确定所有一阶和二阶导数不存在的点，并用以上所有点将定义域分成若干区间。

(3) 确定在各个区间上一阶和二阶导数的符号，从而判定函数的单调区间、凹凸区间、极值和拐点，列出函数的性态表。

(4) 确定函数图形的水平、铅垂渐近线。

(5) 描出性态表中的点和一些特殊点，并借助性态表和渐近线描绘函数的曲线。

注 讨论函数的对称性和周期性有时可简化作图过程。

例 3 描绘函数 $y=1+\dfrac{36x}{(x+3)^2}$ 的图形。

解 ① $D(f)=(-\infty,\ -3)\cup(-3,\ \infty)$，函数间断点为 $x=-3$，

$$f'(x)=\frac{36(3-x)}{(x+3)^3},\ f''(x)=\frac{72(x-6)}{(x+3)^4}$$

② $f'(x)=0$ 的根为 $x=3$，$f''(x)=0$ 的根为 $x=6$。

③ 列表确定函数图形特性，如表 3-5 所示。

表 3-5

x	$(-\infty,\ -3)$	$(-3,\ 3)$	3	$(3,\ 6)$	6	$(6,\ +\infty)$
$f'(x)$	$-$	$+$	0	$-$	$-$	$-$
$f''(x)$	$-$	$-$	$-$	$-$	0	$+$
$f(x)$	↘	↗	极大	↘	拐点	↘

④ 由于 $\lim\limits_{x\to\infty}f(x)=1$，$\lim\limits_{x\to-3}f(x)=-\infty$。

因此，图形有一条水平渐近线 $y=1$ 和一条铅垂渐近线 $x=-3$。

⑤ 列表计算出图形的特殊点，如表 3-6 所示。

表 3-6

x	-15	-9	-1	0	3	6
$f(x)$	$-11/4$	-8	-8	1	4	11/3

⑥ 作出函数的曲线，如图 3-8 所示。

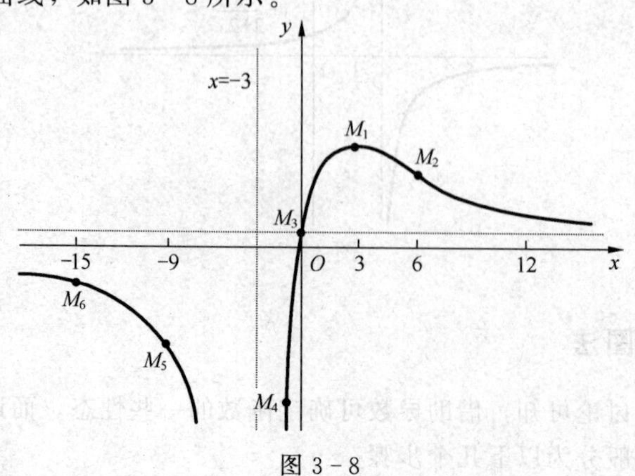

图 3-8

习题 3.5

1. 求下列曲线的水平和铅垂渐近线。

(1) $y=\dfrac{2}{1+3\mathrm{e}^{-x}}$　　(2) $y=\mathrm{e}^{-\frac{1}{x}}$

(3) $y=\dfrac{\mathrm{e}^{x}}{1+x}$　　(4) $y=\dfrac{\sin x}{x(x-1)}$

2. 作出下列函数的图像。

(1) $y=x^{3}-x^{2}-x+1$　　(2) $y=x-\ln(x+1)$

第四章

不定积分

在第三章中，讨论了函数的导数与微分，但是常常还需要解决相反问题，就是要由一个函数的已知导数，求这个函数。这种运算就叫作求不定积分。显然，函数的导数、微分与不定积分为互逆运算。

第一节　不定积分的概念与性质

一、原函数

定义1　如果在区间 I 上，函数 $F(x)$ 的导数为 $f(x)$，即对于任一 $x \in I$ 都有

$$F'(x)=f(x) \text{ 或 } \mathrm{d}F(x)=f(x)\mathrm{d}x$$

则称 $F(x)$ 为 $f(x)$ 在区间 I 上的一个**原函数**。

例如，$(x^3)'=3x^2$，故 x^3 是 $3x^2$ 的一个原函数。进一步由微分学知识可知，对于任一常数 C，都有 $(x^3+C)'=3x^2$，故 C 取每一个值，x^3+C 都是 $3x^2$ 的一个原函数。

对于一般函数 $f(x)$，若 $F(x)$ 为其在区间 I 上的一个原函数，C 是任一常数，则

$$(F(x)+C)'=F'(x)=f(x)$$

即对于任一常数 C，$F(x)+C$ 都是 $f(x)$ 的原函数。从而可知，若 $f(x)$ 有一个原函数的话，那么它就有无穷多个原函数。

关于原函数我们有两个问题要解决：一、什么样的函数才能有原函数；二、有原函数的话，怎样才能找到所有原函数。

对于第一个问题，我们有如下定理。

原函数存在定理　若 $f(x)$ 在区间 I 上连续，则存在 $F(x)$，对于任一 $x \in I$ 都有

$$F'(x)=f(x)$$

即　连续函数必有原函数。这是原函数存在的一个充分条件。对于第二个问题，我们给出以下说明。

(1) 由上面讨论可知，若 $F(x)$ 为 $f(x)$ 的一个原函数，对于任一常数 C，$F(x)+C$ 都是 $f(x)$ 的原函数。

(2) 若 $G(x)$ 也是 $f(x)$ 的一个原函数，则必存在一个常数 C_0，使得

$$G(x)=F(x)+C_0$$

这是因为

$$(G(x)-F(x))'=G'(x)-F'(x)=f(x)-f(x)=0$$

由微分学知识可知，$G(x)-F(x)$ 必为某一常数 C_0，即 $G(x)-F(x)=C_0$。

由以上两点可知，函数集合 $\{F(x)+C \mid C\in \mathbf{R}\}$ 中的任一函数都是 $f(x)$ 的原函数；任一 $f(x)$ 的原函数 $G(x)$ 都满足 $G(x)\in\{F(x)+C \mid C\in \mathbf{R}\}$，故 $\{F(x)+C \mid C\in \mathbf{R}\}$ 为 $f(x)$ 的原函数的全体。也就是说，当 C 取遍所有实数时，$F(x)+C$ 就得到了 $f(x)$ 的全部原函数。

二、不定积分的概念

基于上一部分对原函数问题的讨论，我们给出一种求已知函数的原函数问题的运算——不定积分。

定义 2　若 $F(x)$ 为 $f(x)$ 的一个原函数，则称 $f(x)$ 的所有原函数 $F(x)+C$（$C\in \mathbf{R}$）为 $f(x)$ 的不定积分，记作

$$\int f(x)\mathrm{d}x=F(x)+C$$

其中“$\int$”为积分符号，x 为积分变量，$f(x)$ 为被积函数，$f(x)\mathrm{d}x$ 为被积表达式，C 为积分常数。

由定义可知，求被积函数的不定积分只需找到它的一个原函数，然后再加上任意常数 C。

例 1　计算下列不定积分。

(1) $\int \cos x\,\mathrm{d}x$　(2) $\int (x-x^2)\,\mathrm{d}x$

解　(1) 由于 $(\sin x)'=\cos x$，所以 $\sin x$ 是 $\cos x$ 的一个原函数，故 $\int\cos x\,\mathrm{d}x=\sin x+C$。

(2) 由于 $\left(\frac{1}{2}x^2-\frac{1}{3}x^3\right)'=x-x^2$，所以 $\frac{1}{2}x^2-\frac{1}{3}x^3$ 为 $x-x^2$ 的一个原函数，因此 $\int(x-x^2)\,\mathrm{d}x=\frac{1}{2}x^2-\frac{1}{3}x^3+C$。

三、不定积分的性质

根据不定积分的定义，我们不难得到不定积分的以下几条性质。

性质 1　不定积分与导数和微分互逆性

$$\left[\int f(x)\mathrm{d}x\right]'=f(x) \text{ 或 } \mathrm{d}\int f(x)\mathrm{d}x=f(x)\mathrm{d}x$$

$$\int F'(x)\,\mathrm{d}x=F(x)+C \text{ 或 } \int \mathrm{d}F(x)=F(x)+C。$$

性质 2　不定积分的线性性质

$$\int kf(x)\mathrm{d}x=k\int f(x)\mathrm{d}x \quad \text{其中 } k \text{ 为常数且 } k\neq 0。$$

性质 3 $\int [f(x) \pm g(x)]\mathrm{d}x = \int f(x)\mathrm{d}x \pm \int g(x)\mathrm{d}x$

其中 $f(x)$，$g(x)$ 皆可积。即两个函数代数和的积分，等于每个函数积分的代数和。

不定积分的定义告诉我们，每个可微函数 $F(x)$ 都是它自己的导数 $F'(x)$ 的原函数，即

$$\int F'(x)\mathrm{d}x = F(x) + C$$

因此，有一个导数公式就相应地有一个不定积分公式。

例如，当 $x > 0$ 时，$(\ln x)' = \frac{1}{x}$，有 $\int \frac{1}{x}\,\mathrm{d}x = \ln x + C$，

当 $x < 0$ 时，$(\ln(-x))' = \frac{1}{x}$，有 $\int \frac{1}{x}\mathrm{d}x = \ln(-x) + C$。

合并上面两个结论，有如下积分公式：

$$\int \frac{1}{x}\,\mathrm{d}x = \ln|x| + C\text{。}$$

由微分学中的基本导数公式就可以得到下面的基本积分公式：

(1) $\int k\mathrm{d}x = kx + C$

(2) $\int x^{\mu}\mathrm{d}x = \frac{1}{\mu+1}x^{\mu+1} + C\ (\mu \neq -1)$

(3) $\int \frac{1}{x}\,\mathrm{d}x = \ln|x| + C$

(4) $\int a^{x}\mathrm{d}x = \frac{a^{x}}{\ln a} + C$

(5) $\int \mathrm{e}^{x}\mathrm{d}x = \mathrm{e}^{x} + C$

(6) $\int \sin x\mathrm{d}x = -\cos x + C$

(7) $\int \cos x\mathrm{d}x = \sin x + C$

(8) $\int \sec^{2}x\,\mathrm{d}x = \tan x + C$

(9) $\int \csc^{2}x\mathrm{d}x = -\cot x + C$

(10) $\int \frac{\mathrm{d}x}{\sqrt{1-x^{2}}} = \arcsin x + C = -\arccos x + C_1$

(11) $\int \frac{\mathrm{d}x}{1+x^{2}} = \arctan x + C = -\operatorname{arccot} x + C_1$

(12) $\int \sec x\tan x\mathrm{d}x = \sec x + C$

(13) $\int \csc x\cot x\mathrm{d}x = -\csc x + C$

这些基本积分公式是进行积分计算的基础，一定要熟练掌握。结合积分的性质，我们

可以进行一些基本的积分计算。

例 2　利用直接法求下列不定积分。

(1) $\int x\sqrt{x}\,\mathrm{d}x$　　(2) $\int \frac{x^2-4}{x^2+1}\mathrm{d}x$

(3) $\int \frac{\sin 2x+1}{\sin x+\cos x}\,\mathrm{d}x$　　(4) $\int \left(2\mathrm{e}^x-\frac{3}{x}\right)\mathrm{d}x$

解　(1) $\int x\sqrt{x}\,\mathrm{d}x=\int x^{\frac{3}{2}}\,\mathrm{d}x=\frac{x^{\frac{3}{2}+1}}{\frac{3}{2}+1}+C=\frac{2}{5}x^{\frac{5}{2}}+C$。

(2) $\int \frac{x^2-4}{x^2+1}\mathrm{d}x=\int\left(1-\frac{5}{x^2+1}\right)\mathrm{d}x=\int 1\mathrm{d}x-5\int\frac{\mathrm{d}x}{x^2+1}=x-5\arctan x+C$ 。

(3) $\int \frac{\sin 2x+1}{\sin x+\cos x}\,\mathrm{d}x=\int\frac{(\sin x+\cos x)^2}{\sin x+\cos x}\mathrm{d}x=\int(\sin x+\cos x)\mathrm{d}x=-\cos x+\sin x+C$ 。

(4) $\int\left(2\mathrm{e}^x-\frac{3}{x}\right)\mathrm{d}x=\int 2\mathrm{e}^x\,\mathrm{d}x-\int\frac{3}{x}\mathrm{d}x=2\mathrm{e}^x-3\ln|x|+C$ 。

例 3　求经过点(1，2)，且切线斜率为 $2x$ 的曲线方程。

解　设曲线方程为 $y=f(x)$，由题意知 $f'(x)=2x$，故 $f(x)=\int 2x\,\mathrm{d}x=x^2+C$，由 $f(1)=2$ 可知 $C=1$，故曲线方程为 $y=x^2+1$。

习题 4.1

计算下列不定积分。

(1) $\int(2x^2+3^x)\mathrm{d}x$　　(2) $\int\frac{(1-t)^2}{\sqrt{t}}\mathrm{d}t$

(3) $\int\sqrt[m]{x^n}\,\mathrm{d}x$　　(4) $\int\frac{x^2-1}{x^2+1}\mathrm{d}x$

(5) $\int\frac{\sqrt{1+x^2}}{\sqrt{1-x^4}}\,\mathrm{d}x$　　(6) $\int\frac{x^4-x^2}{1+x^2}\mathrm{d}x$

(7) $\int\sin^2\frac{u}{2}\mathrm{d}u$　　(8) $\int\frac{\mathrm{d}x}{1+\cos 2x}$

(9) $\int\frac{\cos 2x}{\sin^2 x\cos^2 x}\mathrm{d}x$　　(10) $\int\cot^2 x\,\mathrm{d}x$

(11) $\int 3^x\mathrm{e}^x\,\mathrm{d}x$　　(12) $\int\frac{\mathrm{e}^{2x}-1}{\mathrm{e}^x+1}\mathrm{d}x$

(13) $\int\frac{\mathrm{e}^x(x-\mathrm{e}^{-x})}{x}\mathrm{d}x$　　(14) $\int\frac{2^{x+1}-5^{x-1}}{10^x}\,\mathrm{d}x$

(15) $\int\frac{\mathrm{d}x}{x^2(1+x^2)}$　　(16) $\int\sqrt{x\sqrt{x\sqrt[3]{x^2}}}\,\mathrm{d}x$

第二节　换元积分法

利用基本积分表与积分的性质，所能计算的不定积分是非常有限的。因此，有必要进一步来研究不定积分的求法。

把复合函数的微分法反过来求不定积分，利用中间变量的代换，得到复合函数的积分法，称为换元积分法，简称换元法。

换元法通常分成第一换元积分法和第二换元积分法。

一、第一换元积分法

我们先分析如何计算积分 $\int \sin 2x\,\mathrm{d}x$ 。

该积分不能直接用积分公式 $\int \sin t\,\mathrm{d}t = -\cos t + C$ ，若想把 $2x$ 看成 t 的话，被积表达式中必须有 $\mathrm{d}2x$ 。由微分的性质可知，$\mathrm{d}2x = 2\mathrm{d}x$ ，对原积分进行恒等变换

$$\int \sin 2x\,\mathrm{d}x = \frac{1}{2}\int \sin 2x\,\mathrm{d}2x \overset{t=2x}{=} \frac{1}{2}\int \sin t\,\mathrm{d}t = -\frac{1}{2}\cos t + C$$

$$\overset{t=2x}{=} -\frac{1}{2}\cos 2x + C$$

该方法可推广到一般形如 $\int f(\varphi(x))\varphi'(x)\mathrm{d}x$ 类型的积分的计算。

定理 1 设 $F(u)$ 是 $f(u)$ 的一个原函数，$\varphi(x)$ 为一可导函数，则

$$\int f(\varphi(x))\varphi'(x)\mathrm{d}x = \int f(\varphi(x))\mathrm{d}\varphi(x) \overset{u=\varphi(x)}{=} \int f(u)\mathrm{d}u$$

$$= F(u) + C \overset{u=\varphi(x)}{=} F(\varphi(x)) + C$$

此类换元积分法叫**第一换元积分法，也叫凑微分法**。主要应用于被积表达式为复合函数乘上被复合函数的微分，或者其余部分可以凑出被复合函数的微分的积分的计算。换元实际上是看成一个整体的思想，因此该定理可表述为一句话：**想把谁看成一个整体就要凑出谁的微分。**要注意，换元后的积分要易于计算。

例 1 计算下列不定积分。

(1) $\int \frac{1}{2x+1}\mathrm{d}x$　　(2) $\int x\mathrm{e}^{x^2}\mathrm{d}x$

(3) $\int \frac{1}{x}\ln x\,\mathrm{d}x$　　(4) $\int \sin x\cos x\,\mathrm{d}x$

解 (1) 在积分中我们自然想把 $2x+1$ 看成一个整体 t ，然后利用公式 $\int \frac{1}{t}\mathrm{d}t = \ln|t| + C$ 来计算积分，故要凑出 $2x+1$ 的微分。由于 $\mathrm{d}(2x+1) = 2\mathrm{d}x$ ，故对原积分进行恒等变换

$$\int \frac{1}{2x+1}\mathrm{d}x = \frac{1}{2}\int \frac{1}{2x+1}\mathrm{d}(2x+1) \overset{t=2x+1}{=\!=} \frac{1}{2}\int \frac{1}{t}\mathrm{d}t$$

$$= \frac{1}{2}\ln|t| + C \overset{t=2x+1}{=\!=} \frac{1}{2}\ln|2x+1| + C。$$

注 熟练的话，换元过程可省略。

(2) $\int x\mathrm{e}^{x^2}\mathrm{d}x = \frac{1}{2}\int \mathrm{e}^{x^2}\mathrm{d}x^2 = \frac{1}{2}\mathrm{e}^{x^2} + C$。

(3) $\int \frac{1}{x}\ln x\,dx = \int \ln x\,d(\ln x) = \frac{1}{2}\ln^2 x + C$。

(4) $\int \sin x\cos x\,dx = \int \sin x\,d\sin x = \frac{1}{2}\sin^2 x + C$。

计算此类积分的关键是能准确地凑到所需的微分。为了提高计算速度，我们总结了常用的凑微分公式。

(1) $dx = \frac{1}{a}d(ax+b)$

(2) $x^u dx = \frac{1}{u+1}dx^{u+1}$ $(u \neq -1)$

(3) $\frac{1}{x}dx = d\ln x$

(4) $\sin x\,dx = -d\cos x$

(5) $\cos x\,dx = d\sin x$

(6) $\sec^2 x\,dx = d\tan x$

(7) $\csc^2 x\,dx = -d\cot x$

(8) $\frac{1}{1+x^2}dx = d\arctan x = -d\operatorname{arccot} x$

(9) $\frac{1}{\sqrt{1-x^2}}dx = d\arcsin x = -d\arccos x$

例 2　计算下列积分。

(1) $\int 3e^{3x}\,dx$

(2) $\int \frac{x\,dx}{a^2+x^2}$ $(a>0)$

(3) $\int \tan x\,dx$

(4) $\int \frac{1}{x(1+2\ln x)}dx$

解　(1) $\int 3e^{3x}\,dx = \int e^{3x}\,d3x \xlongequal{t=3x} \int e^t\,dt = e^t + C \xlongequal{t=3x} e^{3x} + C$。

(2) $\int \frac{x\,dx}{a^2+x^2} = \frac{1}{2}\int \frac{d(a^2+x^2)}{a^2+x^2}$ $(a>0)$

$$\xlongequal{t=a^2+x^2} \frac{1}{2}\int \frac{dt}{t} = \frac{1}{2}\ln|t| + C \xlongequal{t=a^2+x^2} \frac{1}{2}\ln(a^2+x^2) + C$$ 。

(3) $\int \tan x\,dx = \int \frac{\sin x}{\cos x}dx = -\int \frac{1}{\cos x}d\cos x$

$$\xlongequal{t=\cos x} -\int \frac{1}{t}dt = -\ln|t| + C \xlongequal{t=\cos x} -\ln|\cos x| + C$$

同理可得：$\int \cot x\,dx = \ln|\sin x| + C$。

(4) $\int \frac{1}{x(1+2\ln x)}dx = \frac{1}{2}\int \frac{1}{(1+2\ln x)}d(1+2\ln x) \xlongequal{t=1+2\ln x} \frac{1}{2}\int \frac{1}{t}dt$

$$= \frac{1}{2}\ln|t| + C \xlongequal{t=1+2\ln x} \frac{1}{2}\ln|1+2\ln x| + C$$ 。

例 3　计算下列积分。

(1) $\int \sin^3 x\cos^2 x\,dx$

(2) $\int \tan^3 x\,dx$ 。

解　(1) $\int \sin^3 x\cos^2 x\,dx = -\int \sin^2 x\cos^2 x\,d\cos x$

$$= -\int (1-\cos^2 x)\cos^2 x\,d\cos x$$

$$= -\int (\cos^2 x - \cos^4 x)\mathrm{d}\cos x$$

$$\xlongequal{t=\cos x} -\int (t^2 - t^4)\mathrm{d}t = \frac{t^5}{5} - \frac{t^3}{3} + C$$

$$\xlongequal{t=\cos x} \frac{\cos^5 x}{5} - \frac{\cos^3 x}{3} + C 。$$

注 形如$\int \sin^m x \cos^n x \mathrm{d}x$的积分，若$m$为奇数，则拿出一个$\sin x$凑$\cos x$的微分，剩余的偶次方利用平方关系化成余弦，从而使整个积分化成以$\cos x$为积分变量的多项式积分，n为奇数类似。若m，n皆为偶数，则通过降次扩角来计算。

(2) $\int \tan^3 x \mathrm{d}x = \int \tan^2 x \tan x \mathrm{d}x = \int \tan x(\sec^2 x - 1)\mathrm{d}x$

$$= \int \tan x \mathrm{d}\tan x - \int \tan x \mathrm{d}x$$

$$= \frac{1}{2}\tan^2 x + \ln|\cos x| + C 。$$

二、第二换元积分法

一些含有根式的积分如$\int \frac{1}{1+\sqrt{x}}\mathrm{d}x$，$\int \sqrt{a^2+x^2}\mathrm{d}x$，虽然表达式很简单，但基本积分公式和凑微分法都不能解决这类问题。我们常用的办法是通过合适的换元把根式去掉，从而简化计算，这就是我们要学习的**第二换元积分法**。

定理 2 设$f(x)$连续，$x=\varphi(t)$单调、可导，且$\varphi'(t) \neq 0$，其反函数为$t=\varphi^{-1}(x)$，若$f(\varphi(t))\varphi'(t)$具有原函数$F(t)$，则

$$\int f(x)\mathrm{d}x = \int f(\varphi(t))\mathrm{d}\varphi(t) = \int f(\varphi(t))\varphi'(t)\mathrm{d}t \ (*)$$

$$= F(t) + C = F(\varphi^{-1}(x)) + C$$

第二换元积分法也可称作直接换元法，通过直接代换$x=\varphi(t)$，把表达式中不利于计算的因素去掉(根式、分母复杂)。换元时注意$x=\varphi(t)$的单调性(保证$t=\varphi^{-1}(x)$的存在)，要把积分表达式中每一个x代换，积分结果要求变量回代。

注 观察(*)式，从右向左正好是我们前边讲的第一换元积分法，即两种换元方法的换元方向恰好相反。究其实质，换元方向主要决定于等式两端两个积分哪个便于计算，不必拘泥于换元形式。

对于第二换元积分法，我们主要介绍几种常用的代换方法。

1. 被积函数中有$\sqrt[n]{ax+b}$，$\sqrt[n]{\frac{ax+b}{cx+d}}$时，直接令根式等于$t$，去掉根号。

例 4 计算下列积分。

(1) $\int \frac{\mathrm{d}x}{1+\sqrt{2x+1}}$　(2) $\int \frac{\mathrm{d}x}{\sqrt{x}-\sqrt[3]{x}}$

解 (1) 令$\sqrt{2x+1}=t$，$(t \geqslant 0)$则$x=\frac{t^2-1}{2}$，代入原积分

$$\int \frac{dx}{1+\sqrt{2x+1}} = \int \frac{d\frac{t^2-1}{2}}{1+t} = \int \frac{t}{1+t}dt = \int \left(1-\frac{1}{1+t}\right)dt$$

$$= t - \ln|1+t| + C \xlongequal{t=\sqrt{2x+1}} \sqrt{2x+1} - \ln(1+\sqrt{2x+1}) + C。$$

(2) 要把两个根式都去掉，我们令 $x = t^6$ ($t \geqslant 0$)，则

$$\int \frac{dx}{\sqrt{x}-\sqrt[3]{x}} = \int \frac{dt^6}{t^3-t^2} = 6\int \frac{t^3}{t-1}dt = 6\int \frac{(t^3-1)+1}{t-1}dt$$

$$= 6\left[\int (t^2+t+1)\,dt + \int \frac{d(t-1)}{t-1}\right]$$

$$= 2t^3 + 3t^2 + 6t + 6\ln|t-1| + C$$

$$\xlongequal{t=\sqrt[6]{x}} 2\sqrt{x} + 3\sqrt[3]{x} + 6\sqrt[6]{x} + 6\ln|\sqrt[6]{x}-1| + C。$$

2. 对于二次根式，若根式内为二次函数的话，我们常用三角代换，

$\sqrt{a^2-x^2} \xrightarrow{x=a\sin t} a\cos t \quad (|t|<\frac{\pi}{2}) \quad (a>0)$

$\sqrt{a^2+x^2} \xrightarrow{x=a\tan t} a\sec t \quad (|t|<\frac{\pi}{2}) \quad (a>0)$

$\sqrt{x^2-a^2} \xrightarrow{x=a\sec t} a\tan t \quad (0<|t|<\frac{\pi}{2}) \quad (a>0)$

若根式为 $\sqrt{ax^2+bx+c}$ ，则通过配方化成以上 3 种形式之一。

例 5　求 $\int \sqrt{a^2-x^2}\,dx \quad (a>0)$。

解　令 $x = a\sin t$， $|t|<\frac{\pi}{2}$，则

$$\int \sqrt{a^2-x^2}\,dx = \int a\cos t\,d(a\sin t) = a^2\int \cos^2 t\,dt$$

$$= \frac{a^2}{2}\int (1+\cos 2t)\,dt = \frac{a^2}{2}\left(t+\frac{1}{2}\sin 2t\right) + C$$

$$= \frac{a^2}{2}\left(\arcsin\frac{x}{a} + \frac{x}{a}\sqrt{1-\left(\frac{x}{a}\right)^2}\right) + C$$

$$= \frac{1}{2}\left(a^2\arcsin\frac{x}{a} + x\sqrt{a^2-x^2}\right) + C。$$

***例 6**　求 $\int \frac{dx}{\sqrt{x^2-a^2}} \quad (a>0)$。

解　令 $x = a\sec t$ ，$0<t<\frac{\pi}{2}$ (同理可考虑 $t<0$ 的情况)，则

$$\int \frac{dx}{\sqrt{x^2-a^2}} = \int \frac{a\sec t \cdot \tan t}{a\tan t}dt = \int \sec t\,dt$$

$$= \ln|\sec t + \tan t| + C$$

借助辅助直角三角形，如图 4－1 所示，可知 $\sec t = \frac{x}{a}$，$\tan t = \frac{\sqrt{x^2-a^2}}{a}$。

故

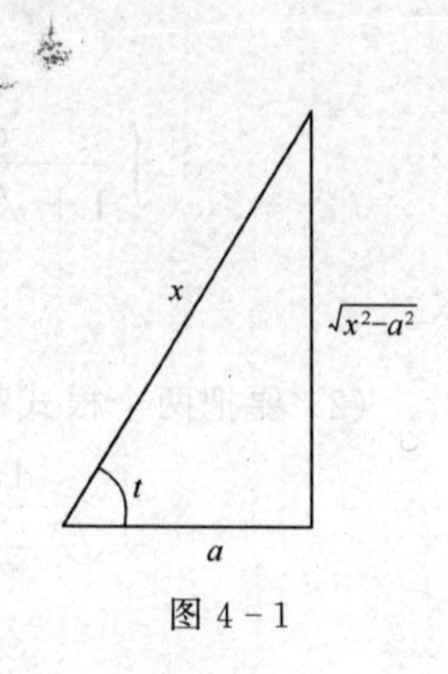

图 4-1

$$\int \frac{\mathrm{d}x}{\sqrt{x^2-a^2}} = \ln\left|\frac{x}{a}+\frac{\sqrt{x^2-a^2}}{a}\right|+C$$

$$= \ln\left|x+\sqrt{x^2-a^2}\right|+C$$

类似可得：$\int \frac{\mathrm{d}x}{\sqrt{x^2+a^2}} = \ln\left|x+\sqrt{x^2+a^2}\right|+C$ 。

***例 7** 求 $\int \frac{\mathrm{d}x}{(x^2+a^2)^2} \quad (a>0)$ 。

解 令 $x=a\tan t$ ，如图 4-2 所示，$|t|<\frac{\pi}{2}$ ，于是有

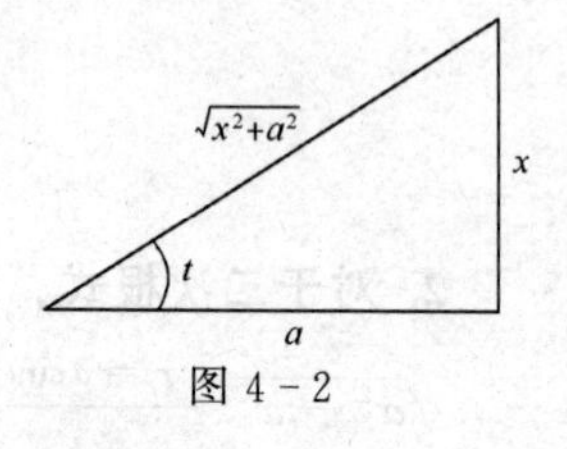

图 4-2

$$\int \frac{\mathrm{d}x}{(x^2+a^2)^2} = \int \frac{a\sec^2 t}{a^4\sec^4 t}\mathrm{d}t = \frac{1}{a^3}\int \cos^2 t\,\mathrm{d}t$$

$$= \frac{1}{2a^3}\int (1+\cos 2t)\,\mathrm{d}t$$

$$= \frac{1}{2a^3}(t+\sin t\cos t)+C$$

$$= \frac{1}{2a^3}\left(\arctan\frac{x}{a}+\frac{ax}{x^2+a^2}\right)+C$$

***例 8** 求 $\int \frac{\mathrm{d}x}{x^2\sqrt{x^2-1}} (x \geqslant 1)$ 。

解 方法一：采用第一换元积分法

$$\int \frac{\mathrm{d}x}{x^2\sqrt{x^2-1}} = \int \frac{\mathrm{d}x}{x^3\sqrt{1-\frac{1}{x^2}}} = \int \frac{1}{x}\cdot\frac{-1}{\sqrt{1-\frac{1}{x^2}}}\mathrm{d}\left(\frac{1}{x}\right)$$

令 $u=\frac{1}{x}$

$$= \int \frac{-u}{\sqrt{1-u^2}}\mathrm{d}u = \sqrt{1-u^2}+C$$

$$= \frac{1}{x}\sqrt{x^2-1}+C$$

方法二：令 $x=\sec t$，$t\in\left[0,\frac{\pi}{2}\right)$，则

$$\int \frac{\mathrm{d}x}{x^2\sqrt{x^2-1}} = \int \frac{\sec t\cdot\tan t}{\sec^2 t\cdot\tan t}\mathrm{d}t = \int \cos t\,\mathrm{d}t$$

$$= \sin t + C = \frac{1}{x}\sqrt{x^2-1}+C \text{ 。}$$

习题 4.2

用换元积分法计算下列积分。

(1) $\int (1-2x)^{\frac{3}{2}}\mathrm{d}x$　　(2) $\int \frac{\mathrm{d}x}{(3x-2)^3}$

(3) $\int e^{-2x}\, dx$　　(4) $\int \frac{x^2}{\sqrt{4-x^3}}dx$

(5) $\int \frac{x}{\sqrt{1-2x^2}}dx$　　(6) $\int \frac{e^{2x}}{1+e^{4x}}\, dx$

(7) $\int \frac{dx}{e^x+e^{-x}}$　　(8) $\int \frac{dx}{1+e^x}$

(9) $\int \frac{dx}{x\ln x\ln\ln x}$　　(10) $\int \frac{dx}{x(1-\ln x)}$

(11) $\int \frac{1}{x^2-x-6}\, dx$　　(12) $\int \frac{dx}{x^2-2x+5}$

(13) $\int \frac{dx}{\sqrt{9-4x^2}}$　　(14) $\int \frac{dx}{9+4x^2}$

(15) $\int \frac{x+\sqrt{\arctan x}}{1+x^2}\, dx$　　(16) $\int \frac{x+\sqrt{\arcsin x}}{\sqrt{1-x^2}}\, dx$

(17) $\int \sin 5x\, dx$　　(18) $\int \cos^2 5x\, dx$

(19) $\int \frac{\sin x}{\sqrt{1+\sin^2 x}}dx$　　(20) $\int \sin^4 x\cos^3 x\, dx$

(21) $\int \tan^4 x\, dx$　　(22) $\int \frac{\tan\sqrt{x}}{\sqrt{x}}\, dx$

(23) $\int \frac{\arctan\sqrt{x}}{\sqrt{x}(1+x)}\, dx$　　(24) $\int x\sqrt{x+1}\, dx$

(25) $\int \frac{1}{1+\sqrt{2x}}dx$　　(26) $\int \sqrt{1+e^{2x}}\, dx$

第三节　分部积分法

针对函数乘积的积分，我们介绍另一种重要的积分方法——**分部积分法。**

定理(分部积分法)　若 $u(x)$ 与 $v(x)$ 可导，不定积分 $\int v\, du$ 存在，则积分 $\int u\, dv$ 也存在，并有

$$\int u\, dv = uv - \int v\, du$$

证　由微分知识可知

$$d(uv) = v\, du + u\, dv$$

两边同时积分

$$\int d(uv) = \int v\, du + \int u\, dv$$

即

$$uv = \int v\, du + \int u\, dv$$

在计算乘积的微分时，往往需要凑出 $\mathrm{d}v$ ，并且要保证分部后的积分更易于计算。若被积函数为反三角函数、对数函数以及初等函数与幂函数的乘积，一般用分部积分法计算。常见题型如下。

(1) $\int x^n e^{ax}\mathrm{d}x$ 、$\int x^n \sin ax\mathrm{d}x$ 、$\int x^n \cos ax\mathrm{d}x$（ a 为常数），此时把指数或三角函数拿到后边凑微分 $\mathrm{d}v$ ，使得 x^n 降次，一般要用 n 次分部积分。

(2) $\int x^n \arcsin x\mathrm{d}x$ 、$\int x^n \arccos x\mathrm{d}x$ 、$\int x^n \arctan x\mathrm{d}x$ 、$\int x^n \ln x\mathrm{d}x$ ，此时用 x^n 凑微分，分部积分后化为分式的积分。

例 1 计算 (1) $\int x\cos x\mathrm{d}x$ (2) $\int x^2 e^{-2x}\mathrm{d}x$

解 (1) 把 $\cos x$ 拿到后边凑微分

$$\int x\cos x\mathrm{d}x = \int x\mathrm{d}\sin x$$

令 $x=u$，$\sin x = v$ ，利用分部积分公式可得

$$\begin{aligned}\int x\cos x\mathrm{d}x &= \int x\mathrm{d}\sin x = x\sin x - \int \sin x\mathrm{d}x \\ &= x\sin x + \cos x + C\ 。\end{aligned}$$

$$\begin{aligned}(2)\int x^2 e^{-2x}\mathrm{d}x &= -\frac{1}{2}\int x^2\mathrm{d}e^{-2x} = -\frac{1}{2}\left(x^2 e^{-2x} - \int e^{-2x}\mathrm{d}x^2\right) \\ &= -\frac{1}{2}x^2 e^{-2x} + \int x e^{-2x}\mathrm{d}x \\ &= -\frac{1}{2}x^2 e^{-2x} - \frac{1}{2}\int x\mathrm{d}e^{-2x} \\ &= -\frac{1}{2}x^2 e^{-2x} - \frac{1}{2}\left(x e^{-2x} - \int e^{-2x}\mathrm{d}x\right) \\ &= -\frac{1}{4}e^{-2x}(2x^2+2x+1)+C\ 。\end{aligned}$$

例 2 计算(1) $\int \ln x\mathrm{d}x$ (2) $\int \arcsin x\mathrm{d}x$

解 被积函数只有一项，此时我们令 $\mathrm{d}x = \mathrm{d}v$ ，直接利用分部积分公式

$$(1)\int \ln x\mathrm{d}x = x\ln x - \int x\mathrm{d}\ln x = x\ln x - \int 1\mathrm{d}x = x\ln x - x + C$$

$$\begin{aligned}(2)\int \arcsin x\mathrm{d}x &= x\arcsin x - \int x\mathrm{d}\arcsin x \\ &= x\arcsin x - \int \frac{x}{\sqrt{1-x^2}}\mathrm{d}x \\ &= x\arcsin x + \frac{1}{2}\int \frac{1}{\sqrt{1-x^2}}\mathrm{d}(1-x^2) \\ &= x\arcsin x + \sqrt{1-x^2} + C\ 。\end{aligned}$$

类似方法可求反余弦、反正切、对数等基本初等函数的积分。

例 3 求 $\int x\ln x\mathrm{d}x$ 。

解 $\int x\ln x\mathrm{d}x = \int \ln x\mathrm{d}\left(\frac{x^2}{2}\right) = \frac{1}{2}\left(x^2\ln x - \int x\mathrm{d}x\right) = \frac{1}{2}x^2\ln x - \frac{1}{4}x^2 + C$ 。

*例 4　求 $\int e^x \sin x dx$。

解　令 $I=\int e^x \sin x dx$，则

$$I=\int e^x \sin x dx=\int \sin x de^x=e^x \sin x-\int e^x \cos x dx$$
$$=e^x \sin x-\int \cos x de^x$$
$$=e^x \sin x-\cos x e^x-\int e^x \sin x dx$$
$$=e^x(\sin x-\cos x)-I$$

所以 $I=\int e^x \sin x dx=\frac{e^x(\sin x-\cos x)}{2}+C$。

同理可得 $\int e^x \cos x dx=\frac{e^x(\sin x+\cos x)}{2}+C$。

例 5　求 $\int e^{\sqrt{2x+1}} dx$。

解　令 $\sqrt{2x+1}=t$，则 $x=\frac{t^2-1}{2}$

$$\int e^{\sqrt{2x+1}} dx=\int e^t d\frac{t^2-1}{2}=\int t e^t dt=t e^t-\int e^t dt$$
$$=e^t(t-1)+C=e^{\sqrt{2x+1}}(\sqrt{2x+1}-1)+C$$

从以上例子可以看出，在求不定积分时，换元积分法与分部积分法往往会交替使用，因此在解题过程中千万不要拘泥于一种方法。

习题 4.3

用分部积分法计算下列积分。

(1) $\int x\cos 2x dx$　　(2) $\int x^2 \cos x dx$　　(3) $\int \arctan x dx$

(4) $\int x\arctan x dx$　　(5) $\int \ln(4+x^2) dx$　　(6) $\int \ln^2 x dx$

(7) $\int \sec^3 x dx$　　(8) $\int e^{\sqrt[3]{x}} dx$

*第四节　有理函数和可化为有理函数的不定积分

下面我们先讨论一些简单的有理分式的积分方法。

1. 有理分式的积分一般遵循的原则

(1) 若被积函数为真分式，依次考虑：分子凑分母的微分，分母分解因式裂项，分母配方。

(2) 若分子的次数大于等于分母次数，造分母化为真分式。

例 1　计算下列积分。

(1) $\int \frac{x^2+4}{x-1} dx$　　(2) $\int \frac{x}{x^2-1} dx$

(3) $\int \frac{x}{x^2-x-2}\mathrm{d}x$　　　　(4) $\int \frac{x^2}{x^2+2x+5}\mathrm{d}x$

解　(1) $\int \frac{x^2+4}{x-1}\mathrm{d}x=\int \frac{(x^2-1)+5}{x-1}\mathrm{d}x=\int (x+1)\mathrm{d}x+5\int \frac{\mathrm{d}(x-1)}{x-1}$

$$=\frac{1}{2}x^2+x+5\ln|x-1|+C\text{。}$$

(2) $\int \frac{x}{x^2-1}\mathrm{d}x=\frac{1}{2}\int \frac{1}{x^2-1}\mathrm{d}(x^2-1)=\frac{1}{2}\ln|x^2-1|+C$。

(3) $\int \frac{x}{x^2-x-2}\mathrm{d}x=\int \frac{(x+1)-1}{(x+1)(x-2)}\mathrm{d}x=\int \frac{\mathrm{d}x}{x-2}-\int \frac{\mathrm{d}x}{(x+1)(x-2)}$

$$=\int \frac{\mathrm{d}x}{x-2}-\frac{1}{3}(\int \frac{1}{x-2}-\frac{1}{x+1})\mathrm{d}x$$

$$=\frac{2}{3}\ln|x-2|+\frac{1}{3}\ln|x+1|+C\text{。}$$

(4) $\int \frac{x^2}{x^2+2x+5}\mathrm{d}x=\int (1-\frac{2x+5}{x^2+2x+5})\mathrm{d}x$

$$=\int 1\mathrm{d}x-\int \frac{\mathrm{d}(x^2+2x+5)}{x^2+2x+5}-3\int \frac{\mathrm{d}x}{x^2+2x+5}$$

其中 $\int \frac{\mathrm{d}x}{x^2+2x+5}=\int \frac{\mathrm{d}x}{(x+1)^2+4}=\frac{1}{4}\int \frac{2\mathrm{d}\left(\frac{x+1}{2}\right)}{\left(\frac{x+1}{2}\right)^2+1}=\frac{1}{2}\arctan\frac{x+1}{2}+C$

故原积分 $\int \frac{x^2}{x^2+2x+5}\mathrm{d}x=x-\ln(x^2+2x+5)-\frac{3}{2}\arctan\frac{x+1}{2}+C$

2. 某些无理根式的不定积分

形如：$\int R\left(x,\sqrt[n]{\frac{ax+b}{cx+d}}\right)\mathrm{d}x\,(ad-bc\neq 0)$ 型不定积分，对此只须令 $t=\sqrt[n]{\frac{ax+b}{cx+d}}$，就可以化为有理函数的不定积分。

例 2　计算 $\int \frac{1}{x}\sqrt{\frac{x+2}{x-2}}\mathrm{d}x$。

解　令 $t=\sqrt{\frac{x+2}{x-2}}$，则有 $x=\frac{2(t^2+1)}{t^2-1}$，$\mathrm{d}x=\frac{-8t}{(t^2-1)^2}\mathrm{d}t$。

$$\int \frac{1}{x}\sqrt{\frac{x+2}{x-2}}\mathrm{d}x=\int \frac{4t^2}{(1-t^2)(1+t^2)}\mathrm{d}t$$

$$=\int \left(\frac{2}{1-t^2}-\frac{2}{1+t^2}\right)\mathrm{d}t$$

$$=\ln\left|\frac{1+t}{1-t}\right|-2\arctan t+C$$

$$=\ln\left|\frac{1+\sqrt{\frac{(x+2)}{(x-2)}}}{1-\sqrt{\frac{(x+2)}{(x-2)}}}\right|-2\arctan\sqrt{\frac{(x+2)}{(x-2)}}+C\text{。}$$

第五章

定　积　分

上一章我们讨论了不定积分问题，本章我们将讨论积分学中另一个重要问题——定积分。定积分和不定积分是完全不同的两个概念，同时它们也有着重要的联系。希望在本章学习中，认真学习和领会应用定积分求解问题的数学思想和方法。

第一节　定积分的概念

一、引例

（曲边梯形的面积）　设函数 $y=f(x)$ 在闭区间 $[a, b]$ 上连续，且非负。曲线 $y=f(x)$ 与直线 $x=a$，$x=b$，$y=0$ 围成的图形——**曲边梯形**，如图 5-1 所示，求其面积。

解　曲边梯形与矩形不同之处是曲边梯形的高是变化的，若用平行于 y 轴的一组直线细分曲边梯形，就会得到许多小曲边梯形。每一个小曲边梯形的曲边用直线去代替，称为“以直代曲”，这样就可以通过计算小矩形的面积和，得到曲边梯形面积的近似值，取其极限就可以得到曲边梯形的面积。

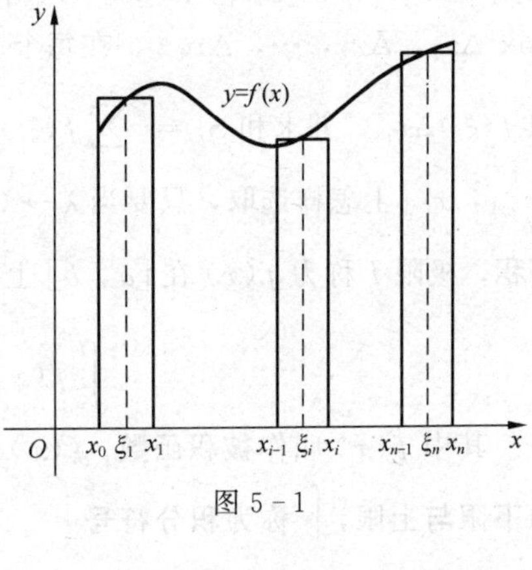

图 5-1

具体做法如下。

（1）分割。

在 $[a, b]$ 内任意插入 $n-1$ 个分点

$a=x_0<x_1<x_2<\cdots<x_{n-1}<x_n=b$

把区间 $[a, b]$ 分成 n 个小区间：$[x_0, x_1]$，$[x_1, x_2]$，…，$[x_{i-1}, x_i]$，…，$[x_{n-1}, x_n]$，相应地把曲边梯形分成 n 个小曲边梯形。设第 i 个小曲边梯形的面积为 s_i，则所求曲边梯形的面积为

$$S=\sum_{i=1}^{n} s_i$$

(2) 取近似。

在区间 $[x_{i-1}, x_i]$ 上任取一点 ξ_i，用这一点的函数值 $f(\xi_i)$ 近似该小曲边梯形的高，则以 Δx_i 为底，$f(\xi_i)$ 为高的小矩形的面积近似地等于小曲边梯形的面积为 s_i，即

$$s_i \approx f(\xi_i)\Delta x_i$$

(3) 求和。

n 个小矩形面积之和 $\sum_{i=1}^{n} f(\xi_i)\Delta x_i$ 是曲边梯形面积的一个近似值，即

$$S=\sum_{i=1}^{n} s_i \approx \sum_{i=1}^{n} f(\xi_i)\Delta x_i$$

(4) 取极限。

记 $\Delta x_i = x_i - x_{i-1}$ 为第 i 个小区间 $[x_{i-1}, x_i]$ 的长度，$\lambda=\max\{\Delta x_1, \Delta x_2, \cdots, \Delta x_n\}$ 为区间长度的最大值。当分点数 n 无限增大，$\lambda \to 0$ 时，若 $\sum_{i=1}^{n} f(\xi_i)\Delta x_i$ 极限存在，则将其极限值定义为曲边梯形的面积 S，即

$$S=\lim_{\lambda \to 0}\sum_{i=1}^{n} f(\xi_i)\Delta x_i$$

以上实际问题是采用分割、取近似、求和、取极限的方法，最后归结为一个和式极限。事实上很多实际问题的解决都可以采用这种方法，并且都能归结为这种结构的和式的极限，我们把这种解决问题的方法抽象出来便得到**定积分**的概念。

二、定积分的定义

定义 1 设 $f(x)$ 在区间 $[a, b]$ 上有界，在 $[a, b]$ 内任意插入 $n-1$ 个分点：$a=x_0<x_1<x_2<\cdots<x_{n-1}<x_n=b$，将 $[a, b]$ 分成 n 个小区间：$[x_0, x_1]$，$[x_1, x_2]$，…，$[x_{i-1}, x_i]$，…，$[x_{n-1}, x_n]$，第 i 个小区间 $[x_{i-1}, x_i]$ 的长度记为 $\Delta x_i = x_i - x_{i-1}$，$\lambda=\max\{\Delta x_1, \Delta x_2, \cdots, \Delta x_n\}$，在每个 $[x_{i-1}, x_i]$ 中任取一点 $\xi_i (i=1, 2, 3, \cdots, n)$，作乘积 $f(\xi_i)\Delta x_i$，并求和 $S_n=\sum_{i=1}^{n} f(\xi_i)\Delta x_i$。若不论对区间 $[a, b]$ 怎样划分，也不论 ξ_i 在 $[x_{i-1}, x_i]$ 上怎样选取，只要当 $\lambda \to 0$ 时，S_n 总趋于确定的极限 I，则称 $f(x)$ 在 $[a, b]$ 上**可积**，极限 I 称为 $f(x)$ 在 $[a, b]$ 上的**定积分**，简称为**积分**，记作 $\int_a^b f(x)\mathrm{d}x$。即

$$\int_a^b f(x)\mathrm{d}x=\lim_{\lambda \to 0}\sum_{i=1}^{n} f(\xi_i)\Delta x_i$$

其中 $f(x)$ 叫作**被积函数**，$f(x)\mathrm{d}x$ 叫作**被积表达式**，x 叫作**积分变量**，a 与 b 称为积分的**下限与上限**，$\int$ 称为**积分符号**。

由定积分的定义可知，曲线 $y=f(x)$ $(f(x)\geqslant 0)$ 与直线 $x=a$，$x=b$，$y=0$ 围成的曲边梯形的面积 S 等于 $f(x)$ 在 $[a, b]$ 上的定积分(如图 5-2(a))，即

$$S=\int_a^b f(x)\mathrm{d}x$$

关于定积分概念的几点说明：

(1) 定积分是一个数值，其值只与被积函数 $f(x)$ 以及积分区间 $[a, b]$ 有关，而与积

分变量无关，即 $\int_a^b f(x)\mathrm{d}x=\int_a^b f(t)\mathrm{d}t=\int_a^b f(u)\mathrm{d}u$ 。

(2) 在定积分定义中，我们总假设 $a<b$ ，为了今后使用方便，我们规定：

① 若 $a=b$ ，则 $\int_a^b f(x)\mathrm{d}x=0$；

② 当 $a>b$ 时，$\int_a^b f(x)\mathrm{d}x=-\int_b^a f(x)\mathrm{d}x$ 。

(3) 关于函数的可积性，这里不作深入讨论，我们需要知道下面几个重要结论(证明略)：

① 有限区间上的连续函数定积分存在；

② 有限区间上只有有限个间断点的有界函数定积分存在；

③ 若函数 $f(x)$ 在 $[a, b]$ 上单调，则 $f(x)$ 在 $[a, b]$ 上可积。

三、定积分的几何意义

定积分 $\int_a^b f(x)\mathrm{d}x$ 表示由曲线 $y=f(x)$ 及直线 $x=a$，$x=b$，$y=0$ 所围成的曲边梯形面积的代数和。

具体有以下几种情形。

(1) 若在 $[a, b]$ 上，$f(x)\geqslant 0$，则定积分 $\int_a^b f(x)\mathrm{d}x$ 表示由曲线 $y=f(x)$ 及直线 $x=a$，$x=b$，$y=0$ 所围成的曲边梯形的面积，如图 5-2(a)所示。

(2) 若 $f(x)\leqslant 0$，则 $\int_a^b f(x)\mathrm{d}x$ 表示上述曲边梯形的面积的相反数，如图 5-2(b)所示。

(3) 若函数 $f(x)$ 在 $[a, b]$ 上有正有负，则 $\int_a^b f(x)\mathrm{d}x$ 表示各部分面积的代数和，如图 5-2(c)所示。

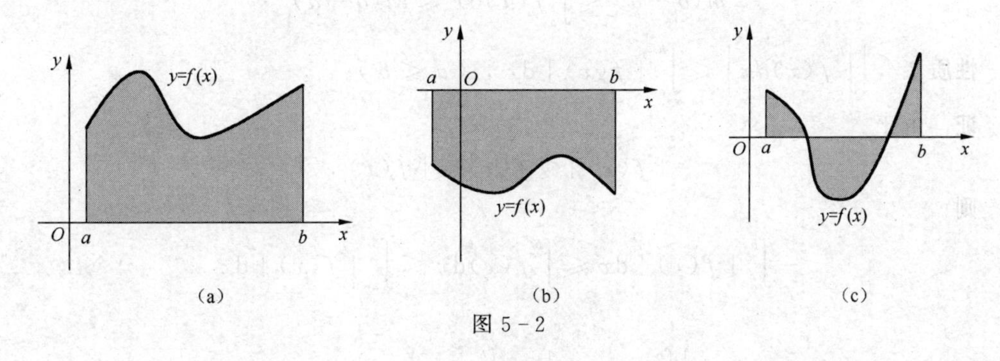

图 5-2

四、定积分的性质

定积分的性质是计算定积分以及研究函数可积性的重要工具。以下假设涉及到的函数均是可积的。

性质 1　$\int_a^b [f(x)\pm g(x)]\mathrm{d}x=\int_a^b f(x)\mathrm{d}x\pm\int_a^b g(x)\mathrm{d}x$ 。

性质 2 $\int_a^b kf(x)\mathrm{d}x = k\int_a^b f(x)\mathrm{d}x$（$k$ 为任意常数）。

性质 3 设 $a < c < b$，则

$$\int_a^b f(x)\mathrm{d}x = \int_a^c f(x)\mathrm{d}x + \int_c^b f(x)\mathrm{d}x \text{。}$$

事实上，不论 a，b，c 的相对位置如何，总有等式

$$\int_a^b f(x)\mathrm{d}x = \int_a^c f(x)\mathrm{d}x + \int_c^b f(x)\mathrm{d}x$$

例如，当 $a < b < c$ 时，由于 $\int_a^c f(x)\mathrm{d}x = \int_a^b f(x)\mathrm{d}x + \int_b^c f(x)\mathrm{d}x$

则

$$\int_a^b f(x)\mathrm{d}x = \int_a^c f(x)\mathrm{d}x - \int_b^c f(x)\mathrm{d}x = \int_a^c f(x)\mathrm{d}x + \int_c^b f(x)\mathrm{d}x$$

性质 4 如果在区间 $[a, b]$ 上，$f(x) \leqslant g(x)$ 恒成立，则有

$$\int_a^b f(x)\mathrm{d}x \leqslant \int_a^b g(x)\mathrm{d}x \text{。}$$

性质 5 如果在区间 $[a, b]$ 上，$f(x) \equiv 1$，则

$$\int_a^b 1\mathrm{d}x = b - a \text{。}$$

性质 6 设 M，m 分别是函数 $f(x)$ 在 $[a, b]$ 上的最大值和最小值，则

$$m(b-a) \leqslant \int_a^b f(x)\mathrm{d}x \leqslant M(b-a) \text{。}$$

证 因为 $m \leqslant f(x) \leqslant M$，由性质可知

$$\int_a^b m\mathrm{d}x \leqslant \int_a^b f(x)\mathrm{d}x \leqslant \int_a^b M\mathrm{d}x$$

由性质 5 可知

$$m(b-a) \leqslant \int_a^b f(x)\mathrm{d}x \leqslant M(b-a)$$

性质 7 $\left|\int_a^b f(x)dx\right| \leqslant \int_a^b |f(x)|\mathrm{d}x$，（$a < b$）。

证 由于

$$-|f(x)| \leqslant f(x) \leqslant |f(x)|$$

则

$$-\int_a^b |f(x)|\mathrm{d}x \leqslant \int_a^b f(x)\mathrm{d}x \leqslant \int_a^b |f(x)|\mathrm{d}x$$

即

$$\left|\int_a^b f(x)\mathrm{d}x\right| \leqslant \int_a^b |f(x)|\mathrm{d}x$$

性质 8(积分中值定理) 如果函数 $f(x)$ 在闭区间 $[a, b]$ 上连续，则至少存在一点 $\xi \in [a, b]$，使得

$$\int_a^b f(x)\mathrm{d}x = f(\xi)(b-a)$$

成立。

证 因 $f(x)$ 在闭区间 $[a, b]$ 上连续，必存在最大值 M 与最小值 m，由性质 6 可知

$$m(b-a)\leqslant\int_a^b f(x)\mathrm{d}x\leqslant M(b-a)$$

即

$$m\leqslant\frac{1}{b-a}\int_a^b f(x)\mathrm{d}x\leqslant M$$

注意到 $f(x)$ 在闭区间 $[a, b]$ 上连续，由闭区间上连续函数的介值定理可知，至少存在一点 $\xi\in[a, b]$，使得

$$f(\xi)=\frac{1}{b-a}\int_a^b f(x)\mathrm{d}x$$

即　$\int_a^b f(x)\mathrm{d}x=f(\xi)(b-a)$

积分中值定理的几何意义：曲线 $y=f(x)$，x 轴与直线 $x=a$，$x=b$ 所围成的曲边梯形的面积，等于以区间$[a, b]$为底，以这个区间上的某一点的函数值 $f(\xi)$ 为高的矩形面积，如图 5-3 所示。

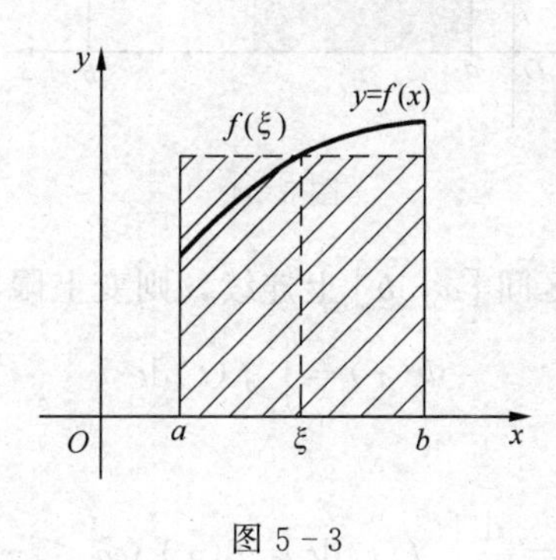

图 5-3

习题 5.1

1. 不计算积分，比较下列积分值的大小。

(1) $\int_0^1 x^2\mathrm{d}x$ 与 $\int_0^1 x\mathrm{d}x$　　(2) $\int_0^1 \mathrm{e}^x\mathrm{d}x$ 与 $\int_0^1(1+x)\mathrm{d}x$

(3) $\int_1^2 \ln x\mathrm{d}x$ 与 $\int_1^2(\ln x)^2\mathrm{d}x$　　(4) $\int_0^{\frac{\pi}{3}}\tan x\mathrm{d}x$ 与 $\int_0^{\frac{\pi}{3}} x\mathrm{d}x$

2. 利用定积分的几何意义计算下列积分。

(1) $\int_0^1 2x\mathrm{d}x$　　(2) $\int_0^1\sqrt{1-x^2}\mathrm{d}x$

第二节　微积分基本定理

上节内容中我们给出了定积分的定义以及一系列性质，通过学习，我们知道利用定积分的定义计算定积分十分困难，因此我们必须寻求计算定积分的简便有效的新方法。本节将通过揭示微分和积分的关系，引出一个简捷的定积分的计算公式，即牛顿-莱布尼茨公式。

一、变上限积分函数及其导数

定义 设 $f(x)$ 在区间 $[a, b]$ 上连续，对于任意 $x \in [a, b]$，积分 $\int_a^x f(t)\mathrm{d}t$ 有一个对应值，所以 $\int_a^x f(t)\mathrm{d}t$ 是 x 在 $[a, b]$ 上的一个函数，记作

$$\Phi(x)=\int_a^x f(t)\mathrm{d}t \ (a \leqslant x \leqslant b)$$

如图 5-4 所示，称该函数为 f 的**变上限积分函数**。

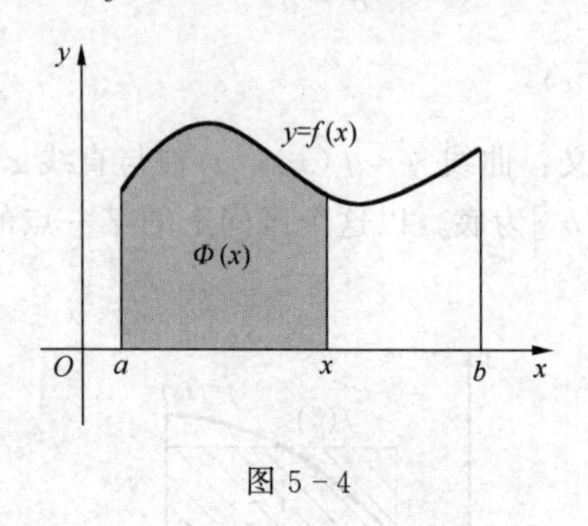

图 5-4

定理 1 若函数 $f(x)$ 在区间 $[a, b]$ 上连续，则变上限积分函数

$$\Phi(x)=\int_a^x f(t)\mathrm{d}t$$

在 $[a, b]$ 上可导，且

$$\Phi'(x)=\frac{\mathrm{d}}{\mathrm{d}x}\int_a^x f(t)\mathrm{d}t=f(x) \ (a \leqslant x \leqslant b)$$

证 设 $x \in (a, b)$，$\Delta x \neq 0$，且 $x+\Delta x \in [a, b]$，则有

$$\begin{aligned}\Delta\Phi=\Phi(x+\Delta x)-\Phi(x)&=\int_a^{x+\Delta x} f(t)\mathrm{d}t-\int_a^x f(t)\mathrm{d}t\\&=\int_a^{x+\Delta x} f(t)\mathrm{d}t+\int_x^a f(t)\mathrm{d}t=\int_x^{x+\Delta x} f(t)\mathrm{d}t\end{aligned}$$

由积分中值定理可知，存在 ξ 介于 x 与 $x+\Delta x$ 之间使得

$$\Delta\Phi=f(\xi)\Delta x$$

即

$$\frac{\Delta\Phi}{\Delta x}=f(\xi)$$

由于 $f(x)$ 在 $[a, b]$ 上连续，且当 $\Delta x \to 0$ 时，$\xi \to x$，有

$$\lim_{\Delta x \to 0}\frac{\Delta\Phi}{\Delta x}=\lim_{\xi \to x} f(\xi)=f(x)$$

当 x 取端点值时，同上可证 $\Phi'_-(b)=f(b)$，$\Phi'_+(a)=f(a)$。

定理 2(原函数存在定理) 若 $f(x)$ 在区间 $[a, b]$ 上连续，则 $\Phi(x)=\int_a^x f(t)\mathrm{d}t$ 就是 $f(x)$ 在区间 $[a, b]$ 上的一个原函数。

这个定理的重要意义是：一方面肯定了连续函数的原函数是存在的，另一方面初步地

揭示了积分学中的定积分与原函数之间的联系，因此，我们就有可能通过原函数来计算定积分。

例 1　求 $\frac{d}{dx}\left[\int_0^x e^{2t}dt\right]$。

解　由定理 1 可知，$\frac{d}{dx}\left[\int_0^x e^{2t}dt\right]=e^{2x}$

例 2　求 $\frac{d}{dx}\left[\int_x^0 \cos^2 t\,dt\right]$。

解　$\frac{d}{dx}\left[\int_x^0 \cos^2 t\,dt\right]=-\frac{d}{dx}\left[\int_0^x \cos^2 t\,dt\right]=-\cos^2 x$

例 3　求 $\frac{d}{dx}\left[\int_0^x t^2 f(t)dt\right]$。

解　由定理 1 可知，$\frac{d}{dx}\left[\int_0^x t^2 f(t)dt\right]=x^2 f(x)$

二、牛顿-莱布尼茨公式

现在我们根据定理 2 来证明一个重要定理，它给出了用原函数计算定积分的公式。

定理 3　若函数 $F(x)$ 是连续函数 $f(x)$ 在区间 $[a, b]$ 上的一个原函数，则

$$\int_a^b f(x)dx=F(b)-F(a) \tag{5-1}$$

证　因 $F(x)$ 是 $f(x)$ 的一个原函数，由定理 2 可知 $\Phi(x)=\int_a^x f(t)dt$ 也是 $f(x)$ 的一个原函数，所以

$$F(x)-\Phi(x)=C\ (a\leqslant x\leqslant b)$$

在上式中，令 $x=a$，则 $F(a)-\Phi(a)=C$。而 $\Phi(a)=\int_a^a f(t)dt=0$，所以 $C=F(a)$，故

$$\int_a^x f(t)dt=\Phi(x)=F(x)-F(a)$$

在上式中令 $x=b$，定理得证。该公式也常记作

$$\int_a^b f(x)dx=F(x)\big|_a^b=F(b)-F(a)$$

公式(5-1)称为牛顿-莱布尼茨公式，也叫微积分基本公式。

由于 $f(x)$ 的原函数 $F(x)$ 一般可通过求不定积分求得，所以牛顿-莱布尼茨公式巧妙地把定积分的计算问题与不定积分联系起来，将定积分的计算转化为求被积函数的一个原函数在区间 $[a, b]$ 上的增量的问题。

例 4　计算定积分 $\int_0^1 x^2 dx$。

解　因为 $\frac{1}{3}x^3$ 为 x^2 的一个原函数，所以由牛顿-莱布尼茨公式，得

$$\int_0^1 x^2 dx=\frac{1}{3}x^3\Big|_0^1=\frac{1}{3}$$

例 5 计算 $\int_1^2 \frac{2}{1+x}\mathrm{d}x$ 。

解 $\int_1^2 \frac{2}{1+x}\mathrm{d}x = 2\int_1^2 \frac{1}{1+x}\mathrm{d}(1+x) = 2\ln|x+1|\Big|_1^2 = 2\ln\frac{3}{2}$

例 6 计算 $\int_1^3 |x-2|\mathrm{d}x$ 。

解 去掉绝对值得

$$|x-2| = \begin{cases} x-2 & x \geqslant 2 \\ 2-x & x < 2 \end{cases}$$

故

$$\int_1^3 |x-2|\mathrm{d}x = \int_1^2 (2-x)\mathrm{d}x + \int_2^3 (x-2)\mathrm{d}x = \left(2x - \frac{1}{2}x^2\right)\Big|_1^2 + \left(\frac{1}{2}x^2 - 2x\right)\Big|_2^3 = 1$$

习题 5.2

1. 求下列函数的导数。

(1) $\int_0^x t\sin t\,\mathrm{d}t$　　(2) $\int_x^0 \mathrm{e}^t\,\mathrm{d}t$

*(3) $\int_0^{x^2} \tan t\,\mathrm{d}t$　　*(4) $\int_0^{\sin x^2} t^3\,\mathrm{d}t$

2. 利用牛顿—莱布尼茨公式计算下列定积分。

(1) $\int_2^8 \frac{2}{x}\mathrm{d}x$　　(2) $\int_{-1}^1 (x^3 - x)\mathrm{d}x$

(3) $\int_1^8 \frac{1}{\sqrt[3]{x}}\mathrm{d}x$　　(4) $\int_0^{2\pi} |\sin x|\,\mathrm{d}x$

第三节　定积分的计算

由牛顿-莱布尼茨公式可知，定积分的计算主要是求被积函数的原函数的问题，即转化为不定积分问题，本节我们将把不定积分的换元法和分部积分法移植到定积分中，形成相应的积分方法。

一、定积分的换元法

定理 1 设函数 $f(x)$ 在区间 $[a, b]$ 上连续，函数 $x=\varphi(t)$ 满足条件：

(1) $\varphi(t)$ 在区间 $[\alpha, \beta]$ 上具有连续的导数；

(2) $\varphi(\alpha)=a$，$\varphi(\beta)=b$，且 $a \leqslant \varphi(t) \leqslant b$，

则有

$$\int_a^b f(x)\mathrm{d}x = \int_\alpha^\beta f[\varphi(t)]\varphi'(t)\mathrm{d}t \tag{5-2}$$

公式(5-2)称为定积分的换元公式。

在应用定积分的换元公式时应注意以下两点：

(1) 用 $x=\varphi(t)$ 把积分变量 x 换成新的积分变量 t 时，积分限也要换成新的积分变量 t

的积分限；

(2) 求出 $f[\varphi(t)]\varphi'(t)$ 的一个原函数 $F(\varphi(t))$ 后，把新变量 t 的上、下限分别代入 $F(\varphi(t))$ 中，然后相减就行了。

例 1　计算下列定积分。

(1) $\int_0^1 e^{2x}dx$　　(2) $\int_0^{\frac{\pi}{2}} \cos^2 x\sin x dx$

(3) $\int_0^1 xe^{x^2}dx$　　(4) $\int_4^{16} \frac{dx}{1+\sqrt{x}}$

解　(1) 令 $2x=t$，所以

$$\int_0^1 e^{2x}dx=\frac{1}{2}\int_0^2 e^t dt=\frac{1}{2}e^t\Big|_0^2=\frac{1}{2}(e^2-1)$$

(2) 令 $\cos x=t$，所以

$$\int_0^{\frac{\pi}{2}} \cos^2 x\sin x dx=-\int_0^{\frac{\pi}{2}} \cos^2 x d\cos x=\int_0^1 t^2 dt=\frac{1}{3}t^3\Big|_0^1=\frac{1}{3}$$

(3) $\int_0^1 xe^{x^2}dx=\frac{1}{2}\int_0^1 e^{x^2}dx^2 \xlongequal{令 x^2=t} \frac{1}{2}\int_0^1 e^t dt=\frac{1}{2}e^t\Big|_0^1=\frac{1}{2}(e-1)$

(4) 令 $\sqrt{x}=t$，$dx=2tdt$，当 $x=4$ 时，$t=2$；当 $x=16$ 时，$t=4$，所以

$$\int_4^{16} \frac{dx}{1+\sqrt{x}}=2\int_2^4\left(1-\frac{1}{1+t}\right)dt=2[\sqrt{x}-\ln(1+\sqrt{x})]\Big|_4^{16}=4+2\ln\frac{3}{5}$$

例 2　证明：

(1) 若函数 $f(x)$ 在 $[-a, a]$ 上连续且为偶函数，则

$$\int_{-a}^a f(x)dx=2\int_0^a f(x)dx$$

(2) 若函数 $f(x)$ 在 $[-a, a]$ 上连续且为奇函数，则

$$\int_{-a}^a f(x)dx=0$$

证　因为 $\int_{-a}^a f(x)dx=\int_{-a}^0 f(x)dx+\int_0^a f(x)dx$，对积分 $\int_{-a}^0 f(x)dx$ 作代换 $x=-t$，则得

$$\int_{-a}^0 f(x)dx=\int_a^0 f(-t)\cdot(-1)dt=\int_0^a f(-t)dt$$

于是

$$\int_{-a}^a f(x)dx=\int_0^a f(-x)dx+\int_0^a f(x)dx=\int_0^a[f(-x)+f(x)]dx$$

(1) 当 $f(x)$ 为偶函数时，$f(-x)=f(x)$，则 $\int_{-a}^a f(x)dx=2\int_0^a f(x)dx$；

(2) 当 $f(x)$ 为奇函数时，$f(-x)=-f(x)$，则 $\int_{-a}^a f(x)dx=\int_0^a 0dx=0$。

例 3　计算积分 $\int_{-2}^2 x\cos x dx$。

解　因为 $x\cos x$ 在 $[-2, 2]$ 上是奇函数，所以 $\int_{-2}^2 x\cos x dx=0$。

*例 4　计算积分$\int_{-1}^{1}(x^2\sin x+|x^5|)\mathrm{d}x$。

解　$\int_{-1}^{1}(x^2\sin x+|x^5|)\mathrm{d}x=\int_{-1}^{1}x^2\sin x\mathrm{d}x+\int_{-1}^{1}|x^5|\mathrm{d}x$，

因为$x^2\sin x$为$[-1,1]$上的奇函数，由例2可知$\int_{-1}^{1}x^2\sin x\mathrm{d}x=0$

类似地，$\int_{-1}^{1}|x^5|\mathrm{d}x=2\int_{0}^{1}x^5\mathrm{d}x=\frac{1}{3}$，故原积分$\int_{-1}^{1}(x^2\sin x+|x^5|)\mathrm{d}x=\frac{1}{3}$

二、定积分的分部积分法

定理 2　设$u=u(x)$，$v=v(x)$在区间$[a,b]$上有连续的导数，则

$$\int_{a}^{b}u\mathrm{d}v=uv\Big|_{a}^{b}-\int_{a}^{b}v\mathrm{d}u$$

上式称为**定积分的分部积分公式**。

例 5　计算下列积分。

(1) $\int_{1}^{\mathrm{e}}\ln x\mathrm{d}x$　　(2) $\int_{-1}^{1}x\mathrm{e}^x\mathrm{d}x$

(3) $\int_{0}^{\frac{\pi}{4}}x\cos x\mathrm{d}x$　　*(4) $\int_{0}^{1}x\arctan x\mathrm{d}x$

解　(1) $\int_{1}^{\mathrm{e}}\ln x\mathrm{d}x=x\ln x\Big|_{1}^{\mathrm{e}}-\int_{1}^{\mathrm{e}}x\cdot\frac{1}{x}\mathrm{d}x=\mathrm{e}-x\Big|_{1}^{\mathrm{e}}=\mathrm{e}-(\mathrm{e}-1)=1$

(2) $\int_{-1}^{1}x\mathrm{e}^x\mathrm{d}x=\int_{-1}^{1}x\mathrm{d}\mathrm{e}^x=x\mathrm{e}^x\Big|_{-1}^{1}-\int_{-1}^{1}\mathrm{e}^x\mathrm{d}x=\frac{2}{\mathrm{e}}$

(3) $\int_{0}^{\frac{\pi}{4}}x\cos x\mathrm{d}x=\int_{0}^{\frac{\pi}{4}}x\mathrm{d}\sin x=x\sin x\Big|_{0}^{\frac{\pi}{4}}-\int_{0}^{\frac{\pi}{4}}\sin x\mathrm{d}x$

$$=\frac{\pi}{4}\cdot\frac{\sqrt{2}}{2}+\cos x\Big|_{0}^{\frac{\pi}{4}}=\frac{\sqrt{2}}{8}\pi+\frac{\sqrt{2}}{2}-1$$

*(4) $\int_{0}^{1}x\arctan x\mathrm{d}x=\int_{0}^{1}\arctan x\mathrm{d}\left(\frac{x^2}{2}\right)$

$$=\left(\frac{x^2}{2}\arctan x\right)\Big|_{0}^{1}-\int_{0}^{1}\frac{x^2}{2}\cdot\frac{1}{1+x^2}\mathrm{d}x$$

$$=\frac{\pi}{8}-\frac{1}{2}\int_{0}^{1}\left(1-\frac{1}{1+x^2}\right)\mathrm{d}x$$

$$=\frac{\pi}{8}-\frac{1}{2}(x-\arctan x)\Big|_{0}^{1}$$

$$=\frac{\pi}{4}-\frac{1}{2}$$

习题 5.3

计算下列定积分。

(1) $\int_{0}^{\frac{\pi}{4}}\sin 2x\mathrm{d}x$　　(2) $\int_{0}^{\frac{\pi}{2}}\cos^5 x\sin x\mathrm{d}x$

(3) $\int_0^4 \frac{1}{1+\sqrt{x}}\mathrm{d}x$　　(4) $\int_0^{\frac{1}{2}} \arcsin x\,\mathrm{d}x$

(5) $\int_0^{\frac{\pi}{2}} x\sin x\,\mathrm{d}x$　　*(6) $\int_0^1 \mathrm{e}^{\sqrt{x}}\,\mathrm{d}x$

第四节　定积分的应用

前面我们学习了定积分的计算方法，实际上定积分的应用也是很广泛的。如何应用定积分的理论分析和解决一些几何问题、物理问题和经济问题是我们本节研究的重点。

一、微元法

为了说明定积分的微元法，我们首先回顾通过讨论曲边梯形的面积而引入定积分定义的过程。具体步骤如下：

(1)分割

用任意一组分点把区间$[a,b]$分成n个小区间，任取一小区间$[x,x+\mathrm{d}x]$，如图5-5所示，用Δs表示在该区间上小曲边梯形的面积，则

$$S=\sum \Delta s$$

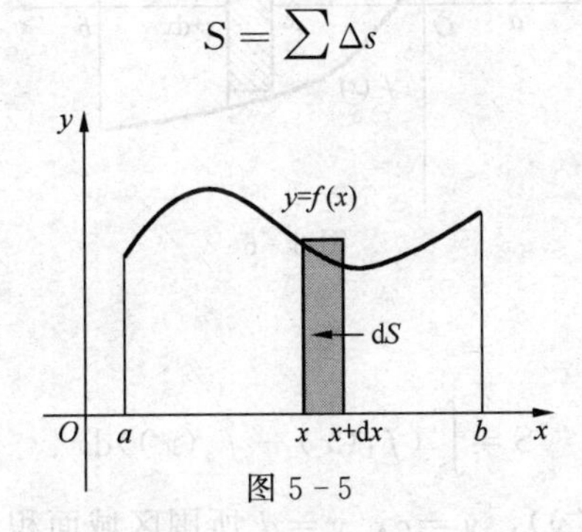

图5-5

(2)取近似

$$\Delta s \approx f(x)\mathrm{d}x$$

(3)求和

$$S=\sum \Delta s \approx \sum f(x)\mathrm{d}x=\sum \mathrm{d}S$$

(其中dS称为面积微元)

(4)取极限

$$S=\lim_{\lambda\to 0}\sum f(x)\mathrm{d}x=\int_a^b f(x)\mathrm{d}x$$

一般地，如果所求量U是与变量x的变化区间$[a,b]$有关的量，则U对区间$[a,b]$具有可加性，部分量ΔU的近似值可表示为$f(x)\Delta x$，那么就可考虑用定积分来计算所求量U。其主要步骤如下。

(1)根据问题的具体情况，选取一个积分变量(例如x)，并确定它的变化区间(如$[a,b]$)。

(2)在区间$[a,b]$上任取一个小区间$[x,x+dx]$，求出ΔU的近似值，即U的微元

$$dU = f(x)dx$$

即

$$U = \int_a^b f(x)dx$$

这个方法称为**微元法**。下面我们将应用这个方法来讨论几何、物理以及经济中一些问题。

二、定积分在几何上的应用

1. 平面图形的面积

对于一般平面图形的面积，我们分以下几种情况讨论。

以下所涉及的函数都为连续函数。

(1) $y = f_1(x)$，$y = f_2(x)$，$x = a$，$x = b$ 所围区域面积，如图 5-6 所示。

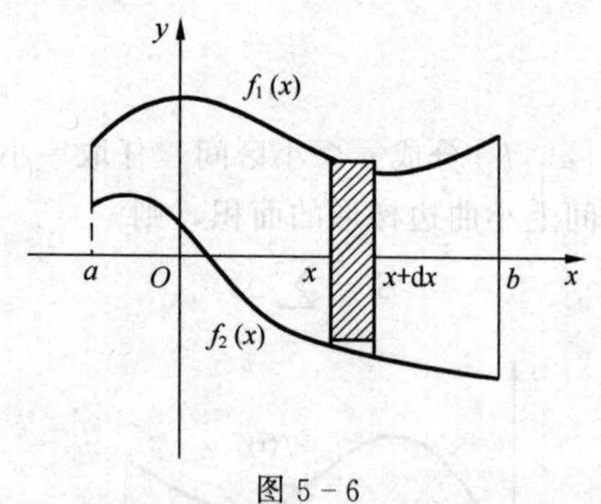

图 5-6

由微元法可知，

$$S = \int_a^b (f_1(x) - f_2(x))dx$$

(2) $x = g_1(y)$，$x = g_2(y)$，$y = c$，$y = d$ 所围区域面积，如图 5-7 所示。

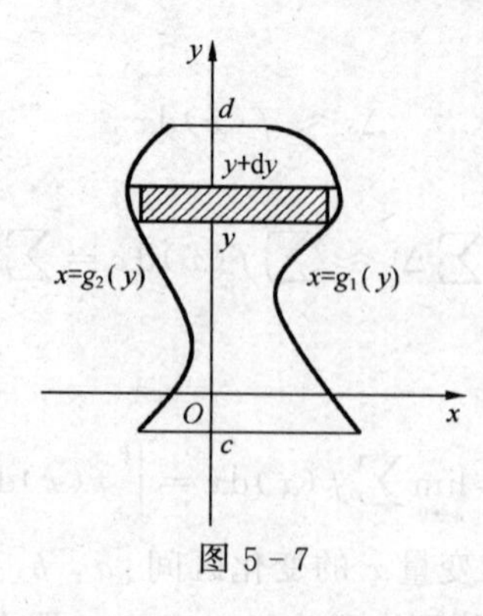

图 5-7

由微元法可知，

$$S = \int_c^d (g_1(y) - g_2(y))dy$$

例 1　求椭圆 $\frac{x^2}{a^2}+\frac{y^2}{b^2}=1$ 的面积，如图 5 - 8 所示。

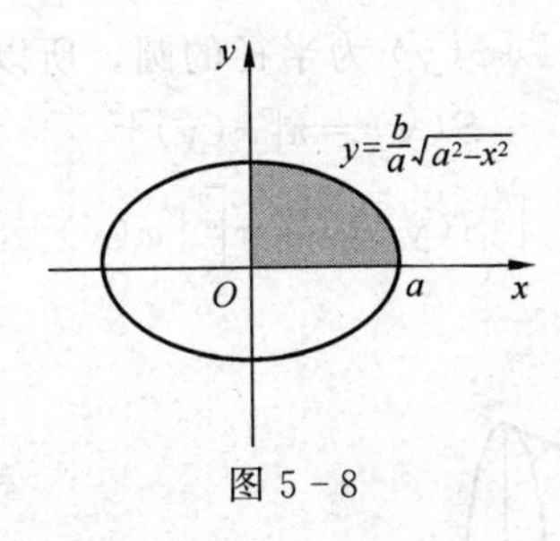

图 5 - 8

解　因为椭圆图形关于 x 轴、y 轴对称，所以椭圆所围成的图形的面积是它在第一象限部分的面积的 4 倍，即

$$S=4\int_0^a\left(\frac{b}{a}\sqrt{a^2-x^2}\right)\mathrm{d}x$$

$$=\frac{4b}{a}\int_0^a\sqrt{a^2-x^2}\,\mathrm{d}x \xlongequal{x=a\sin t} 4ab\int_0^{\frac{\pi}{2}}\cos^2 t\,\mathrm{d}t$$

$$=2ab\int_0^{\frac{\pi}{2}}(1+\cos 2t)\,\mathrm{d}t=\pi ab$$

例 2　求 $y=x^2$，$y=2-x$ 所围区域的面积，如图 5 - 9 所示。

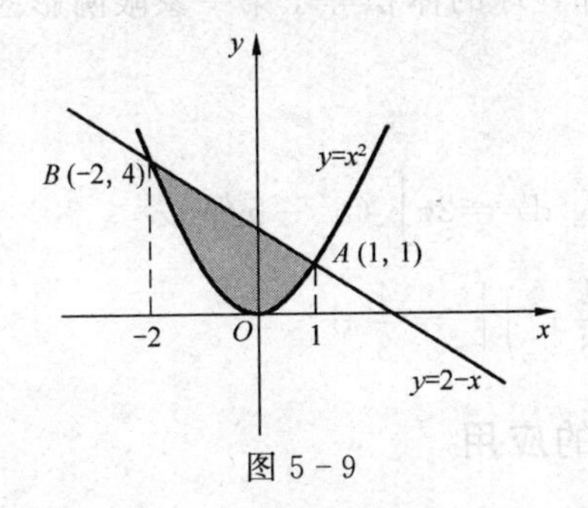

图 5 - 9

解　由 $\begin{cases}y=x^2\\y=2-x\end{cases}$，得交点 $A(-2,4)$，$B(1,1)$。因此所求阴影部分区域面积为

$$S=\int_{-2}^{1}(2-x-x^2)\,\mathrm{d}x=\left(2x-\frac{1}{2}x^2-\frac{1}{3}x^3\right)\Bigg|_{-2}^{1}=\frac{9}{2}$$

***2. 旋转体的体积**

旋转体是由一个平面图形绕该平面内一条定直线旋转一周而生成的立体，该定直线称为**旋转轴**。如圆柱可看成是矩形绕它的一条边旋转一周而成的旋转体。我们分以下几种类型讨论。

(1) $y=f(x)(f(x)\geqslant 0)$，$x=a$，$x=b$，x 轴所围区域绕 x 轴一周所得旋转体的体积，如图 5 - 10 所示。

由于在任一点 x 处的切面是以 $f(x)$ 为半径的圆，所以切面面积为

$$S(x)=\pi[f(x)]^2$$

所以该旋转体的体积为 $V_x=\int_a^b S(x)\,\mathrm{d}x=\pi\int_a^b[f(x)]^2\,\mathrm{d}x$。

(2) $x=\varphi(y)(\varphi(y)\geqslant 0)$，$y=c$，$y=d$，$y$ 轴所围区域绕 y 轴一周所得旋转体的体积，如图 5-11 所示。

由于在任一点 y 处的切面是以 $\varphi(y)$ 为半径的圆，所以切面面积为

$$S(y)=\pi[\varphi(y)]^2$$

所以该旋转体的体积为 $V_y=\int_c^d S(y)\mathrm{d}y=\pi\int_a^b[\varphi(y)]^2\mathrm{d}y$ 。

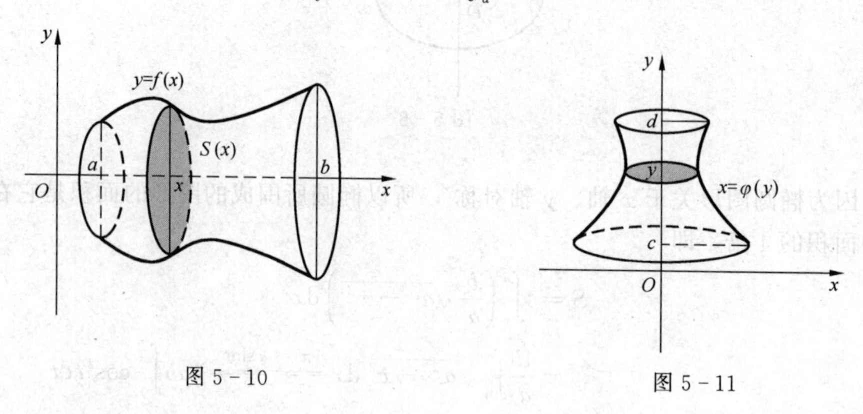

图 5-10　　　　图 5-11

例 3　求半径为 r 的球的体积。

解　图 5-12 所示为半径为 r 的半圆区域，绕 x 轴一周恰好形成半径为 r 的球。由对称性知，球的体积等于第一象限阴影区域绕 x 轴一周体积的 2 倍，

即

$$V=2\pi\int_0^r[f(x)]^2\mathrm{d}x=2\pi\int_0^r(r^2-x^2)\mathrm{d}x$$

$$=2\pi\left(r^2x-\frac{1}{3}x^3\right)\bigg|_0^r=\frac{4}{3}\pi r^3$$

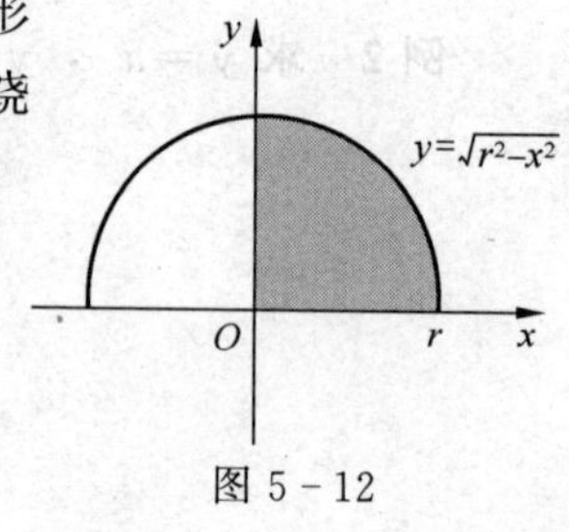

图 5-12

三、定积分在物理上的应用

例 4　把一个带 $+q$ 电量的点电荷放在 r 轴上坐标原点处，它产生一个电场。这个电场对周围的电荷有作用力。由物理学知道，如果一个单位正电荷放在这个电场中距离原点为 r 的地方，那么电场对它的作用力的大小为 $F=k\dfrac{q}{r^2}$（k 是常数），当这个单位正电荷在电场中从 $r=a$ 处沿 r 轴移动到 $r=b$ 处时，计算电场力对它所作的功。

解　取 r 为积分变量，$r\in[a,b]$，取任一小区间 $[r,r+\mathrm{d}r]$，功元素

$$\mathrm{d}W=k\frac{q}{r^2}\mathrm{d}r$$

所求功为

$$W=\int_a^b\frac{kq}{r^2}\mathrm{d}r=kq\left(\frac{1}{a}-\frac{1}{b}\right)$$

如果要考虑将单位电荷移到无穷远处，则

$$W=\int_a^{+\infty}\frac{kq}{r^2}\mathrm{d}r=kq\left(-\frac{1}{r}\right)\bigg|_a^{+\infty}=\frac{kq}{a}$$

四、定积分在经济学中的应用

例 5　设某产品每天生产 x 单位时，边际成本为 $C'(x)=4x$（元/单位），其固定成本为 10 元，总收入 $R(x)$ 的变化率也是产量 x 的函数：$R'(x)=60-2x$。求每天生产多少单位产品时，总利润 $L(x)$ 最大？

解　设总利润函数为 $L(x)$，成本为 C_0，则

$$L(x)=\int_0^x[R'(x)-C'(x)]\mathrm{d}x-C_0=\int_0^x(60-6x)\mathrm{d}x-10=-3x^2+60x-10$$

由 $L'(x)=60-6x=0$，得 $x=10$，又 $L''(x)=-6<0$，所以，每天生产10 个单位产品可获得最大利润，最大利润为 $L(10)=290$(元)。

习题 5.4

1. 求下列曲线所围平面区域的面积。

(1) $y=x^2$ 与 $y=x$　　　　(2) $y=x^2$ 与 $y^2=x$

(3) $y=\dfrac{1}{x}$，$y=x$，与 $x=2$

2. 求由下列曲线所围区域绕指定的坐标轴旋转一周所形成的旋转体体积。

(1) $y=\mathrm{e}^x$，$y=\mathrm{e}^{-x}$，$x=1$ 所围区域，绕 x 轴；

(2) $y=x^3$，$x=2$，$y=0$ 所围区域，绕 y 轴。

3. 设把一金属杆的长度由 a 拉长到 $a+x$ 时，所需的力等于 $\dfrac{kx}{a}$，其中 k 为常数，试求将该金属杆由长度 a 拉长到 b 所做的功。

4. 设某产品的边际成本 $C'(x)=2-x$（万元/台），固定成本 22(万元)，边际收益 $R'(x)=20-4x$（万元/台），求：

(1) 总成本函数和总收益函数；

(2) 获得最大利润时的产量。

第五节　广义积分

我们前面学习了定积分的计算，其积分区间是有限的，而且被积函数在积分区间上是有界的，但在实际应用和理论研究中，常常会遇到积分区间是无限的，或者被积函数是无界的情形，这两种情形统称为广义积分。

一、无限区间上的广义积分

定义 1　设函数 $f(x)$ 在区间 $[a,+\infty)$ 上连续，如果极限 $\lim\limits_{b\to+\infty}\int_a^b f(x)\mathrm{d}x\,(a<b)$ 存在，则称此极限值为 $f(x)$ 在 $[a,+\infty)$ 上的广义积分，记作

$$\int_a^{+\infty}f(x)\mathrm{d}x=\lim_{b\to+\infty}\int_a^b f(x)\mathrm{d}x$$

此时我们也称广义积分 $\int_a^{+\infty}f(x)\mathrm{d}x$ 存在或收敛，否则称为不存在或发散。

类似地，可以定义 $f(x)$ 在 $(-\infty, b]$ 及 $(-\infty, +\infty)$ 上的广义积分：

$$\int_{-\infty}^{b} f(x)\mathrm{d}x = \lim_{a\to-\infty}\int_{a}^{b} f(x)\mathrm{d}x$$

$$\int_{-\infty}^{+\infty} f(x)\mathrm{d}x = \int_{-\infty}^{c} f(x)\mathrm{d}x + \int_{c}^{+\infty} f(x)\mathrm{d}x \quad c\in(-\infty, +\infty)$$

需要注意的是 $\int_{-\infty}^{+\infty} f(x)\mathrm{d}x$ 收敛的充要条件是 $\int_{-\infty}^{c} f(x)\mathrm{d}x$ 与 $\int_{c}^{+\infty} f(x)\mathrm{d}x$ 都收敛。否则，若有一个发散，则广义积分 $\int_{-\infty}^{+\infty} f(x)\mathrm{d}x$ 都是发散的。

注 在计算广义积分时，为了书写方便，可借助牛顿—莱布尼茨公式。例如，$\int_{a}^{+\infty} f(x)\mathrm{d}x = [F(x)]\Big|_{a}^{+\infty} = F(+\infty) - F(a)$。

例 1 计算 $\int_{-\infty}^{-1} \frac{1}{x^3}\mathrm{d}x$。

解 $\int_{-\infty}^{-1} \frac{1}{x^3}\mathrm{d}x = -\frac{1}{2x^2}\Big|_{-\infty}^{-1} = -\frac{1}{2}$

例 2 计算 $\int_{-\infty}^{+\infty} \frac{1}{1+x^2}\mathrm{d}x$。

解 $\int_{-\infty}^{+\infty} \frac{1}{1+x^2}\mathrm{d}x = \arctan x\Big|_{-\infty}^{+\infty} = \frac{\pi}{2} - \left(-\frac{\pi}{2}\right) = \pi$

***例 3** 证明广义积分 $\int_{1}^{+\infty} \frac{1}{x^p}\mathrm{d}x$ 当 $p>1$ 时收敛，当 $p\leqslant 1$ 时发散。

证明 当 $p=1$ 时，$\int_{1}^{+\infty} \frac{1}{x^p}\mathrm{d}x = \ln|x|\Big|_{1}^{+\infty}$，显然积分是发散的；

当 $p\neq 1$ 时，$\int_{1}^{+\infty} \frac{1}{x^p}\mathrm{d}x = \frac{1}{1-p}x^{1-p}\Big|_{1}^{+\infty} = \begin{cases} \frac{-1}{1-p} & p>1 \\ +\infty & p<1 \end{cases}$

综上所述，$\int_{1}^{+\infty} \frac{1}{x^p}\mathrm{d}x$ 当 $p>1$ 时收敛，当 $p\leqslant 1$ 时发散。

二、无界函数的广义积分

如果函数 $f(x)$ 在点 a 的任一邻域内无界，那么点 a 称为函数 $f(x)$ 的无穷间断点。

定义 2 设 $f(x)$ 在 $[a, b]$ 上连续，且 $\lim_{x\to a^+} f(x) = \infty$，取 $\varepsilon>0$，若极限 $\lim_{\varepsilon\to 0^+}\int_{a+\varepsilon}^{b} f(x)\mathrm{d}x$ 存在，即

$$\int_{a}^{b} f(x)\mathrm{d}x = \lim_{\varepsilon\to 0^+}\int_{a+\varepsilon}^{b} f(x)\mathrm{d}x$$

则称 $f(x)$ 在 $[a, b]$ 上的广义积分存在或收敛；否则称为该广义积分发散。

类似地，可以定义 $f(x)$ 在区间 $[a, b)$ 上连续，点 b 为 $f(x)$ 的无穷间断点，及 $f(x)$ 在区间 $[a, b]$ 上除 c 点外连续，点 c 为无穷间断点的广义积分：

$$\int_{a}^{b} f(x)\mathrm{d}x = \lim_{\varepsilon\to 0^+}\int_{a}^{b-\varepsilon} f(x)\mathrm{d}x$$

$$\int_a^b f(x)\mathrm{d}x=\int_a^c f(x)\mathrm{d}x+\int_c^b f(x)\mathrm{d}x=\lim_{\varepsilon_1\to 0+}\int_a^{c-\varepsilon_1} f(x)\mathrm{d}x+\lim_{\varepsilon_2\to 0+}\int_{c+\varepsilon_2}^b f(x)\mathrm{d}x$$

注意，上式若右侧两个广义积分都收敛，则称广义积分收敛；否则，右侧只要有一个发散，则称广义积分发散。

例 4　讨论积分$\int_0^1 \frac{1}{\sqrt{1-x}}\mathrm{d}x$的敛散性。

解　因为$\int_0^1 \frac{1}{\sqrt{1-x}}\mathrm{d}x=\lim_{\varepsilon\to 0+}\int_0^{1-\varepsilon}\frac{1}{\sqrt{1-x}}\mathrm{d}x=-\lim_{\varepsilon\to 0+}2\sqrt{1-x}\Big|_0^{1-\varepsilon}=2$，所以广义积分$\int_0^1 \frac{1}{\sqrt{1-x}}\mathrm{d}x$是收敛的 。

例 5　讨论广义积分$\int_{-1}^1 \frac{1}{x^2}\mathrm{d}x$的敛散性。

解　被积函数在积分区间$[-1, 1]$上除$x=0$外连续，且

$$\int_{-1}^0 \frac{1}{x^2}\mathrm{d}x=\left(-\frac{1}{x}\right)\Big|_{-1}^0=-\left[\lim_{x\to 0^-}\frac{1}{x}-(-1)\right]=+\infty$$

所以广义积分$\int_{-1}^0 \frac{1}{x^2}\mathrm{d}x$发散，从而广义积分$\int_{-1}^1 \frac{1}{x^2}\mathrm{d}x$发散。

*三、Γ 函数

下面讨论一个在概率论中要用到的积分区间无限且含有参变量的积分。

定义 3　积分$\Gamma(r)=\int_0^{+\infty} x^{r-1}\mathrm{e}^{-x}\mathrm{d}x\,(r>0)$是参变量$r$的函数，称为$\Gamma$函数。

可以证明这个积分是收敛的。

Γ函数有一个重要性质：

$$\Gamma(r+1)=r\Gamma(r)\,(r>0)$$

特别地，r为整数时可得

$$\Gamma(n+1)=n!$$

例 6　计算积分$\int_0^{+\infty} x^3\mathrm{e}^{-x}\mathrm{d}x$ 。

解　$\int_0^{+\infty} x^3\mathrm{e}^{-x}\mathrm{d}x=\Gamma(4)=6$

习题 5.5

1. 判断下列广义积分的敛散性，如果收敛，计算广义积分的值。

(1) $\int_1^{+\infty}\frac{1}{x^4}\mathrm{d}x$　　(2) $\int_{-\infty}^0 \cos x\,\mathrm{d}x$

(3) $\int_0^1 \frac{1}{\sqrt{x}}\mathrm{d}x$　　(4) $\int_0^2 \frac{1}{(1-x)^2}\mathrm{d}x$

2. 利用Γ函数，计算下列积分。

(1) $\int_0^{+\infty} x^4\mathrm{e}^{-x}\mathrm{d}x$　　(2) $\int_0^{+\infty} x^{r-1}\mathrm{e}^{-\lambda x}\mathrm{d}x$

第六章

多元函数微积分

前面我们讨论的函数都只有一个自变量，这种函数叫作一元函数。但在许多实际问题中常常会遇到一个变量依赖于多个变量的情形，这就提出了多元函数的概念以及多元函数的微分和积分问题。

第一节　多元函数的基本概念

一、多元函数的概念

引例 1　圆柱体的体积 V 和它的底面半径 r、高 h 之间具有关系

$$V=\pi r^2 h$$

这里，当 r、h 在一定范围（$r>0$，$h>0$）内取定一对值（r，h）时，V 就有唯一确定的值与之对应。

引例 2　对于电流所产生的热量 Q 与电压 U，电流 I 以及时间 t 之间的关系为

$$Q=IUt$$

这里 Q 依赖于 I，U，t 的变化而变化。

上述例子仅从数量关系来研究，它们有共同的属性，抽出这些共性就可得出以下二元函数的定义。

定义 1　设 D 是 R^2 的一个非空子集，f 为某一对应规则，对于每一个有序数组 $(x, y)\in D$，通过 f 都有唯一确定的实数 z 与之对应，则称这个对应规则 f 为定义在 D 上的二元函数，记为

$$z=f(x, y), (x, y)\in D$$

其中 x，y 称为自变量，z 为因变量，D 称为函数的定义域。

类似地，可以定义三元函数 $u=f(x, y, z)$，$(x, y, z)\in D$ 以及三元以上的函数。二元以及二元以上的函数统称为多元函数。

一元函数的定义域是数轴上点的集合，一般情况是数轴上的一个区间。而二元函数的定义域是比较复杂的，可以是整个 xOy 坐标平面，也可以是 xOy 坐标平面上的一条曲

线，也可以是由 xOy 坐标平面上若干条曲线所围成的部分平面等。整个 xOy 坐标平面或由曲线所围成的部分平面称为区域。因此，二元函数的定义域通常为平面区域，围成区域的曲线称为区域的边界，边界上的点称为边界点，包括边界在内的区域称为闭域，不包括边界在内的区域称为开域。

如果一个区域 D 内任意两点之间的距离都不超过某一常数 M，则称 D 为有界区域，否则称 D 为无界区域。

例 1 求函数 $z=\ln(x+y)$ 的定义域。

解 为使对数函数有意义，变量 x，y 必须满足 $x+y>0$，即定义域为 $D=\{(x,y)\mid x+y>0\}$。

例 2 求函数 $z=\sqrt{1-x^2-y^2}$ 的定义域。

解 为使根式有意义，变量 x，y 必须满足 $1-x^2-y^2\geqslant 0$，即定义域为

$$D=\{(x,y)\mid 1-x^2-y^2\geqslant 0\}。$$

例 3 求函数 $z=\ln(x+y)+\sqrt{1-x^2-y^2}$ 的定义域

解 由例 1 和例 2 可知，定义域为

$$D=\{(x,y)\mid 1-x^2-y^2\geqslant 0，且 x+y>0\}\}$$

***例 4** 已知 $f\left(x-y,\dfrac{y}{x}\right)=x^2-y^2$，求 $f(x,y)$。

解 令 $u=x-y$，$v=\dfrac{y}{x}$，解得 $x=\dfrac{u}{1-v}$，$y=\dfrac{uv}{1-v}$

代入原表达式得

$$f(u,v)=\left(\frac{u}{1-v}\right)^2-\left(\frac{uv}{1-v}\right)^2=\frac{u^2(1+v)}{1-v}$$

因此，$f(x,y)=\dfrac{x^2(1+y)}{1-y}$

二、二元函数的极限

定义 2 设函数 $z=f(x,y)$ 的定义域为 D，$P_0(x_0,y_0)$ 为 D 中任意一点，如果在 $P(x,y)\to P_0(x_0,y_0)$ 的过程中，对应的函数值 $f(x,y)$ 无限接近于一个确定的常数 A，则称 A 是函数 $f(x,y)$ 当 $(x,y)\to(x_0,y_0)$ 时的极限，记作：

$$\lim_{(x,y)\to(x_0,y_0)} f(x,y)=A \text{ 或 } \lim_{\substack{x\to x_0\\ y\to y_0}} f(x,y)=A$$

与一元函数的极限概念相仿，二元函数的极限也可用"$\varepsilon-\delta$"方式描述如下。

定义 2′ 设函数 $z=f(x,y)$ 的定义域为 D，点 $P_0(x_0,y_0)$ 的任何去心邻域内都有 D 内的无限多个点，如果对任意给定的正数 $\varepsilon>0$，总存在正数 δ，使得对于任意满足不等式

$$0<|PP_0|=\sqrt{(x-x_0)^2+(y-y_0)^2}<\delta$$

的点 $P(x,y)\in D$，有

$$|f(x,y)-A|<\varepsilon$$

成立，则称常数 A 为函数 $f(x,y)$ 当 $P(x,y)\to P_0(x_0,y_0)$ 时的极限，记作

$$\lim_{(x,y)\to(x_0,y_0)} f(x,y)=A \text{ 或 } \lim_{\substack{x\to x_0\\ y\to y_0}} f(x,y)=A$$

注意，函数 $f(x,y)$ 当 P 无限趋近于 P_0 时的极限存在，是指 $P(x,y)$ 以任何方式趋于 $P_0(x_0,y_0)$ 时，函数值都无限趋于 A 。

*例 5　证明函数 $f(x,y)=\begin{cases}\dfrac{xy}{x^2+y^2} & x^2+y^2\neq 0\\ 0 & x^2+y^2=0\end{cases}$ 在点 (0，0) 无极限。

证明　当点 $P(x,y)$ 沿 x 轴趋于点 (0，0) 时，$y=0$，

$$\lim_{(x,y)\to(0,0)} f(x,y)=\lim_{x\to 0} f(x,0)=\lim_{x\to 0} 0=0$$

当点 $P(x,y)$ 沿 y 趋于点 (0，0) 时，$x=0$，

$$\lim_{(x,y)\to(0,0)} f(x,y)=\lim_{y\to 0} f(0,y)=\lim_{y\to 0} 0=0$$

当点 $P(x,y)$ 沿直线 $y=kx$ 趋于点 (0，0) 时，

$$\lim_{\substack{(x,y)\to(0,0)\\ y=kx}} \frac{xy}{x^2+y^2}=\lim_{x\to 0}\frac{kx^2}{x^2+k^2x^2}=\frac{k}{1+k^2}$$

即当沿着不同的直线趋近时，得到的极限都不同，因此，函数 $f(x,y)$ 在 (0，0) 处无极限。

例 6　求 $\lim\limits_{(x,y)\to(0,3)} \dfrac{\sin(xy)}{x}$。

解

$$\lim_{(x,y)\to(0,3)} \frac{\sin(xy)}{x}=\lim_{(x,y)\to(0,3)} \frac{\sin(xy)}{xy}\cdot y$$

$$=\lim_{(x,y)\to(0,3)} \frac{\sin(xy)}{xy}\cdot \lim_{(x,y)\to(0,3)} y=1\times 3=3$$

三、二元函数的连续性

类似于一元函数的连续性，我们可以定义二元函数及 n 元函数的连续性。

定义 3　设二元函数 $z=f(x,y)$ 的定义域为 D，$P_0(x_0,y_0)\in D$，若

$$\lim_{\substack{x\to x_0\\ y\to y_0}} f(x,y)=f(x_0,y_0)$$

则称函数 $z=f(x,y)$ 在点 P_0 处**连续**。

如果函数 $f(x,y)$ 在 D 的每一点都连续，那么就称函数 $f(x,y)$ 在 D 上连续，或者称 $f(x,y)$ 是 D 上的**连续函数**。

如果函数 $f(x,y)$ 在点 P_0 处不连续，则称点 P_0 为二元函数 $f(x,y)$ 的间断点。

注意，二元函数的极限、连续概念等可以推广到二元以上的多元函数的情形。

同一元函数一样，二元连续函数的和、差、积、商(分母不等于零)及复合函数仍是连续函数。由此还可得“多元初等函数在其定义域内连续”。

*例 7　求函数 $f(x,y)=\begin{cases}\dfrac{xy}{x^2+y^2} & x^2+y^2\neq 0\\ 0 & x^2+y^2=0\end{cases}$ 的间断点。

解　由例 5 知，函数在 (0，0) 点的极限不存在，故 (0，0) 是函数的间断点。

例 8　求 $\lim\limits_{(x,y)\to(1,2)} \dfrac{x+y}{xy}$。

解　函数 $f(x, y)=\dfrac{x+y}{xy}$ 是初等函数，它的定义域为 $D=\{(x, y) \mid x \neq 0, y \neq 0\}$，因此 $\lim\limits_{(x, y) \to (1, 2)} \dfrac{x+y}{xy}=f(1, 2)=\dfrac{3}{2}$。

习题 6.1

1. 求下列各函数的定义域。

(1) $z=\sqrt{x^2-4}+\sqrt{4-y^2}$　　　(2) $z=\ln(4-xy)$

*2. 设 $f\left(x+y, \dfrac{y}{x}\right)=x^2-y^2$，求 $f(x, y)$。

3. 求下列各极限。

(1) $\lim\limits_{(x, y) \to (0, 0)} \dfrac{\sqrt{xy+1}-1}{xy}$　　　(2) $\lim\limits_{(x, y) \to (0, 1)} \dfrac{1-xy}{x^2+y^2}$

(3) $\lim\limits_{(x, y) \to (2, 0)} \dfrac{\sin(xy)}{y}$　　　*(4) $\lim\limits_{(x, y) \to (0, 0)} \dfrac{1-\cos(x^2+y^2)}{(x^2+y^2)e^{x^2y^2}}$

*4. 研究函数

$$f(x, y)=\begin{cases} -\dfrac{x}{\sqrt{x^2+y^2}} & x^2+y^2 \neq 0 \\ 0 & x^2+y^2=0 \end{cases}$$

的连续性。

第二节　偏导函数与全微分

一、偏导数的定义及其计算法

在研究一元函数时，常常考虑其变化率问题，对于多元函数，同样需要讨论它的变化率。由于自变量的个数增多，因此因变量和它的自变量的关系也更为复杂。这时，常用的方法是分别考察因变量对每个自变量的变化率(其他自变量视为常量)，对于二元函数 $z=f(x, y)$，如果只有自变量 x 变化，而自变量 y 固定，这时它就是 x 的一元函数，这时函数对 x 的导数，就称为二元函数 $z=f(x, y)$ 对于 x 的偏导数。即有如下定义：

1. 偏导数的定义

定义 1　设函数 $z=f(x, y)$ 在点 (x_0, y_0) 的某一邻域内有定义，当 y 固定在 y_0 而 x 在 x_0 处有增量 Δx 时，相应地函数有增量

$$f(x_0+\Delta x, y_0)-f(x_0, y_0)$$

如果极限

$$\lim_{\Delta x \to 0} \frac{f(x_0+\Delta x, y_0)-f(x_0, y_0)}{\Delta x}$$

存在，则称此极限为函数 $z=f(x, y)$ 在点 (x_0, y_0) 处**对 x 的偏导数**，记作

$$\left.\frac{\partial z}{\partial x}\right|_{\substack{x=x_0 \\ y=y_0}}, \left.\frac{\partial f}{\partial x}\right|_{\substack{x=x_0 \\ y=y_0}}, \left.z'_x\right|_{\substack{x=x_0 \\ y=y_0}} \text{ 或 } f'_x(x_0, y_0)$$

即

$$f'_x(x_0, y_0)=\lim_{\Delta x\to 0}\frac{f(x_0+\Delta x, y_0)-f(x_0, y_0)}{\Delta x}$$

类似地，函数 $z=f(x, y)$ 在点 (x_0, y_0) 处对 y 的偏导数定义为

$$f'_y(x_0, y_0)=\lim_{\Delta y\to 0}\frac{f(x_0, y_0+\Delta y)-f(x_0, y_0)}{\Delta y}$$

记作 $\left.\frac{\partial z}{\partial y}\right|_{\substack{x=x_0\\y=y_0}}$，$\left.\frac{\partial f}{\partial y}\right|_{\substack{x=x_0\\y=y_0}}$，$\left.z'_y\right|_{\substack{x=x_0\\y=y_0}}$ 或 $f'_y(x_0, y_0)$。

如果函数 $z=f(x, y)$ 在区域 D 内每一点 (x, y) 处对 x 的偏导数都存在，那么这个偏导数就是 x、y 的函数，它就称为函数 $z=f(x, y)$ 对自变量 x 的**偏导函数**，记为

$$\frac{\partial z}{\partial x}, \frac{\partial f}{\partial x}, z'_x \text{ 或 } f'_x(x, y)$$

类似地，可定义函数 $z=f(x, y)$ 对 y 的偏导函数，记为

$$\frac{\partial z}{\partial y}, \frac{\partial f}{\partial y}, z'_y \text{ 或 } f'_y(x, y)$$

由偏导数的定义可知，求 $\frac{\partial f}{\partial x}$ 时，只要把 y 暂时看作常量而对 x 求导数；求 $\frac{\partial f}{\partial y}$ 时，只要把 x 暂时看作常量而对 y 求导数。

偏导数的概念还可推广到二元以上的函数，例如，三元函数 $w=f(x, y, z)$，固定 y，z，对 x 求导，可得 w 对 x 的偏导数，记作 $\frac{\partial w}{\partial x}$。

例 1 求 $z=x^2+3xy+y^2$ 的偏导数 $\frac{\partial z}{\partial x}$，$\frac{\partial z}{\partial y}$。

解 把 y 看作常数，对 x 求导得 $\frac{\partial z}{\partial x}=2x+3y$

把 x 看作常数，对 y 求导得 $\frac{\partial z}{\partial y}=3x+2y$

例 2 设 $f(x, y)=x^2\cdot e^{x+y}$，求 $\left.\frac{\partial f}{\partial x}\right|_{\substack{x=1\\y=0}}$。

解 先求 $f(x, y)$ 对 x 的偏导函数，得 $\frac{\partial f}{\partial x}=2xe^{x+y}+e^{x+y}x^2$

把 $x=1$，$y=0$ 代入 $\frac{\partial f}{\partial x}$ 中，得 $\left.\frac{\partial f}{\partial x}\right|_{\substack{x=1\\y=0}}=3e$

***2. 高阶偏导数**

设函数 $f(x, y)$ 在区域 D 内具有偏导数 $\frac{\partial f}{\partial x}$ 和 $\frac{\partial f}{\partial y}$，这两个函数都是变量 x，y 的函数，如果它们的偏导数也存在，则称它们是函数 $z=f(x, y)$ 对自变量 x 和 y 的二阶偏导数，记为

$$\frac{\partial^2 z}{\partial x^2}=\frac{\partial}{\partial x}\left(\frac{\partial z}{\partial x}\right), \frac{\partial^2 z}{\partial x\partial y}=\frac{\partial}{\partial y}\left(\frac{\partial z}{\partial x}\right)$$

$$\frac{\partial^2 z}{\partial y^2}=\frac{\partial}{\partial y}\left(\frac{\partial z}{\partial y}\right), \frac{\partial^2 z}{\partial y\partial x}=\frac{\partial}{\partial x}\left(\frac{\partial z}{\partial y}\right)$$

或简记为 z''_{xx}，z''_{xy}，z''_{yy}，z''_{yx}。类似地，我们可以定义三阶偏导数。

例 3　设 $z=x^3y^2-3xy^3-xy+1$，求 z''_{xx}，z''_{xy}，z''_{yy}，z''_{yx}。

解　$z'_x=3x^2y^2-3y^3-y$；$z'_y=2x^3y-9xy^2-x$

$z''_{xx}=6xy^2$，$z''_{xy}=6x^2y-9y^2-1$

$z''_{yx}=6x^2y-9y^2-1$，$z''_{yy}=2x^3-18xy$

我们看到例 3 中两个二阶混合偏导数相等，即 $z''_{xy}=z''_{yx}$，这不是偶然的。事实上，我们有下述定理。

定理 1　如果函数 $z=f(x,y)$ 的两个二阶混合偏导数 $\dfrac{\partial^2 z}{\partial y\partial x}$ 及 $\dfrac{\partial^2 z}{\partial x\partial y}$ 在区域 D 内连续，那么在该区域内这两个二阶混合偏导数必相等。

二、二元函数的全微分

一元函数 $y=f(x)$ 的微分 $\mathrm{d}y$ 是函数增量 Δy 关于自变量增量 Δx 的线性主部，且 $\Delta y-\mathrm{d}y$ 是一个比 Δx 高阶的无穷小，对于多元函数也有类似的情形，下面以二元函数为例加以阐述。

定义 2　如果函数 $z=f(x,y)$ 在点 (x,y) 的全增量 $\Delta z=f(x+\Delta x,y+\Delta y)-f(x,y)$，可表示为

$$\Delta z=A\Delta x+B\Delta y+o(\rho)$$

其中 $\rho=\sqrt{(\Delta x)^2+(\Delta y)^2}$，且 A、B 不依赖于 Δx、Δy 而仅与 x、y 有关，则称函数 $z=f(x,y)$ 在点 (x,y) 处**可微分**，而称 $A\Delta x+B\Delta y$ 为函数 $z=f(x,y)$ 在点 (x,y) 的**全微分**，记作 dz，即

$$\mathrm{d}z=A\Delta x+B\Delta y\text{。}$$

定理 2　如果 $z=f(x,y)$ 在 (x,y) 处可微，则 $f(x,y)$ 在 (x,y) 处连续。

证　当 $\Delta x\to 0$，$\Delta y\to 0$ 时，$\rho=\sqrt{(\Delta x)^2+(\Delta y)^2}\to 0$，由全微分的定义知 $\Delta z\to 0$，即 $f(x+\Delta x,y+\Delta y)\to f(x,y)$。亦即 $z=f(x,y)$ 在 (x,y) 处连续。

定理 3(必要条件)　如果 $z=f(x,y)$ 在 (x,y) 处可微，则 $f(x,y)$ 一定在 (x,y) 处偏导数存在，且

$$\mathrm{d}z=\frac{\partial z}{\partial x}\Delta x+\frac{\partial z}{\partial y}\Delta y$$

证　由于 $z=f(x,y)$ 在 (x,y) 处可微，令 $\Delta y=0$，则

$$\Delta z=A\Delta x+o(|x|)$$

因此

$$\frac{\partial z}{\partial x}=\lim_{\Delta x\to 0}\frac{\Delta z}{\Delta x}=\lim_{\Delta x\to 0}\left[A+\frac{o(|\Delta x|)}{\Delta x}\right]=A$$

同理可证 $\dfrac{\partial z}{\partial y}$ 存在，且 $\dfrac{\partial z}{\partial y}=B$。

定理 4(充分条件)　如果函数 $z=f(x,y)$ 的偏导数 $\dfrac{\partial z}{\partial x}$、$\dfrac{\partial z}{\partial y}$ 在点 (x,y) 处连续，则函数在该点可微分。

证明略。

例 4 计算函数 $z=x^2+2xy$ 的全微分。

解 因为 $\dfrac{\partial z}{\partial x}=2x+2y$，$\dfrac{\partial z}{\partial y}=2x$，所以

$$dz=(2x+2y)dx+2xdy。$$

例 5 计算函数 $u=\ln(x^2+y^2+z^2)$ 的全微分。

解 因为 $\dfrac{\partial u}{\partial x}=\dfrac{2x}{x^2+y^2+z^2}$，$\dfrac{\partial u}{\partial y}=\dfrac{2y}{x^2+y^2+z^2}$，$\dfrac{\partial u}{\partial z}=\dfrac{2z}{x^2+y^2+z^2}$，

所以

$$du=\frac{2x}{x^2+y^2+z^2}dx+\frac{2y}{x^2+y^2+z^2}dy+\frac{2z}{x^2+y^2+z^2}dz$$

习题 6.2

1. 求下列函数的偏导数。

(1) $z=x^2+e^xy$　　(2) $z=x^2-\dfrac{x}{y}$

(3) $z=\arctan(x+y)$

2. 求下列函数的二阶偏导数。

(1) $z=\arctan\dfrac{y}{x}$　　(2) $z=y^x$

3. 求下列函数的全微分。

(1) $z=x^2-2xy+y^3$　　(2) $z=e^{\frac{x}{y}}$

第三节　多元复合函数与隐函数的求导法则

一、多元复合函数的求导法则

在一元函数微分学中，我们学习了复合函数的求导法则，本节我们将一元复合函数的求导法则进行推广，进而得到多元复合函数的求导法则。

设函数 $z=f(u,v)$ 是变量 u，v 的函数，而 u，v 又是变量 x，y 的函数，$u=\varphi(x,y)$，$v=\psi(x,y)$，因而 $z=f(\varphi(x,y),\psi(x,y))$ 是 x，y 的复合函数。

定理 1 如果函数 $u=\varphi(x,y)$，$v=\psi(x,y)$ 都在点 (x,y) 具有对 x 及 y 的偏导数，函数 $z=f(u,v)$ 在对应点 (u,v) 具有连续偏导数，则复合函数 $z=f(\varphi(x,y),\psi(x,y))$ 在点 (x,y) 的两个偏导数存在，且有

$$\frac{\partial z}{\partial x}=\frac{\partial z}{\partial u}\cdot\frac{\partial u}{\partial x}+\frac{\partial z}{\partial v}\cdot\frac{\partial v}{\partial x},\quad\frac{\partial z}{\partial y}=\frac{\partial z}{\partial u}\cdot\frac{\partial u}{\partial y}+\frac{\partial z}{\partial v}\cdot\frac{\partial v}{\partial y}。$$

例 1 设 $z=u^2\ln v$，$u=\dfrac{y}{x}$，$v=x^2+y^2$，求 $\dfrac{\partial z}{\partial x}$，$\dfrac{\partial z}{\partial y}$。

解 $$\frac{\partial z}{\partial x}=\frac{\partial z}{\partial u}\cdot\frac{\partial u}{\partial x}+\frac{\partial z}{\partial v}\cdot\frac{\partial v}{\partial x}=2u\ln v\cdot\left(-\frac{y}{x^2}\right)+\frac{u^2}{v}\cdot 2x$$

$$=-\frac{2y^2}{x^3}\ln(x^2+y^2)+\frac{2y^2}{x(x^2+y^2)}$$

$$\frac{\partial z}{\partial y}=\frac{\partial z}{\partial u}\cdot\frac{\partial u}{\partial y}+\frac{\partial z}{\partial v}\cdot\frac{\partial v}{\partial y}=2u\ln v\cdot\frac{1}{x}+\frac{u^2}{v}\cdot 2y$$

$$=\frac{2y}{x^2}\ln(x^2+y^2)+\frac{2y^3}{x^2(x^2+y^2)}$$

定理2　如果函数 $u=\varphi(t)$ 及 $v=\psi(t)$ 都在点 t 可导，函数 $z=f(u,v)$ 在对应点 (u,v) 具有连续偏导数，则 $z=f(\varphi(t),\psi(t))$ 都在点 t 可导，且有

$$\frac{dz}{dt}=\frac{\partial z}{\partial u}\cdot\frac{du}{dt}+\frac{\partial z}{\partial v}\cdot\frac{dv}{dt}$$

例2　设 $z=uv$，而 $u=e^t$，$v=\cos t$，求 $\frac{dz}{dt}$。

解　$\frac{dz}{dt}=\frac{\partial z}{\partial u}\cdot\frac{du}{dt}+\frac{\partial z}{\partial v}\cdot\frac{dv}{dt}=v\cdot e^t+u\cdot(-\sin t)=e^t(\cos t-\sin t)$

二、隐函数的求导法则

前面我们学习了由方程 $F(x,y)=0$ 所确定的隐函数的求导方法，但是一个方程能否确定一个隐函数？这个隐函数是否可导？如果可导，那么是否有公式？本节将介绍隐函数存在定理来解决这些问题，并且把结论推广到多元函数中去。

定理3　设函数 $F(x,y)$ 在点 (x_0,y_0) 的某一邻域内具有连续偏导数，$F(x_0,y_0)=0$，$F'_y(x_0,y_0)\neq 0$，则方程在点 (x_0,y_0) 的某一邻域内唯一确定一个连续且有连续导数的函数 $y=f(x)$，它满足条件 $y_0=f(x_0)$ 及 $F(x,f(x))\equiv 0$，且有

$$\frac{dy}{dx}=-\frac{F'_x}{F'_y}$$

这个定理我们不证，仅就公式作如下推导。

由 $F(x,f(x))\equiv 0$ 可得

$$\frac{\partial F}{\partial x}+\frac{\partial F}{\partial y}\cdot\frac{dy}{dx}=0$$

即

$$\frac{dy}{dx}=-\frac{\frac{\partial F}{\partial x}}{\frac{\partial F}{\partial y}}=-\frac{F'_x}{F'_y}$$

类似地，对于方程 $F(x,y,z)=0$ 所确定的二元函数 $z=f(x,y)$，如果 $F(x,y,z)$ 具有连续的偏导数，且 $\frac{\partial F}{\partial z}\neq 0$，则有

$$\frac{\partial z}{\partial x}=-\frac{\frac{\partial F}{\partial x}}{\frac{\partial F}{\partial z}},\quad \frac{\partial z}{\partial y}=-\frac{\frac{\partial F}{\partial y}}{\frac{\partial F}{\partial z}}。$$

例3　设 $x^2+y^2+z^2-4z=0$，求 $\frac{\partial z}{\partial x}$，$\frac{\partial z}{\partial y}$。

解 设 $F(x, y, z)=x^2+y^2+z^2-4z$，则

$$\frac{\partial F}{\partial x}=2x, \frac{\partial F}{\partial y}=2y, \frac{\partial F}{\partial z}=2z-4,$$

$$\frac{\partial z}{\partial x}=-\frac{x}{z-2}, \frac{\partial z}{\partial y}=-\frac{y}{z-2}。$$

习题 6.3

1. 设 $z=x^2y$，而 $x=t^2$，$y=1-t^3$，求 $\frac{dz}{dt}$。

2. 设 $z=e^u\sin v$，$u=xy$，$v=x+y$，求 $\frac{\partial z}{\partial x}$，$\frac{\partial z}{\partial y}$。

3. 设 $x^2+2y^2+3z^2+xy-z=9$，求 $\frac{\partial z}{\partial x}$，$\frac{\partial z}{\partial y}$。

第四节　多元函数的极值与最值

在一元函数中，我们知道利用函数的导数可以求得函数的极值，进而应用极值解决一些最值问题。在多元函数中也有类似的问题，在这里我们重点讨论二元函数的情形。

一、二元函数的极值

定义 1 设函数 $z=f(x, y)$ 在点 (x_0, y_0) 的某个邻域内有定义，如果对于该邻域内每一个异于 (x_0, y_0) 的点 (x, y)，都有

$$f(x, y)<f(x_0, y_0)(f(x, y)>f(x_0, y_0))$$

则称 $f(x_0, y_0)$ 为函数在点 (x_0, y_0) 的**极大值**(或**极小值**)。

极大值、极小值统称为**极值**。使函数取得极值的点称为**极值点**。

例 1 函数 $z=3x^2+y^2$ 在点 $(0, 0)$ 处有极小值。

解 当 $(x, y)=(0, 0)$ 时，$z=0$，而当 $(x, y)\neq(0, 0)$ 时，$z>0$，因此 $z=0$ 是函数的极小值。

例 2 函数 $z=-\sqrt{x^2+y^2}$ 在点 $(0, 0)$ 处有极大值。

解 当 $(x, y)=(0, 0)$ 时，$z=0$，而当 $(x, y)\neq(0, 0)$ 时，$z<0$，因此 $z=0$ 是函数的极大值。

与一元函数相类似，我们用多元函数的偏导数来讨论多元函数的极值。

定理 1(极值的必要条件) 设函数 $z=f(x, y)$ 在点 (x_0, y_0) 具有偏导数，且在点 (x_0, y_0) 处有极值，则有

$$f'_x(x_0, y_0)=0, f'_y(x_0, y_0)=0$$

使 $f'_x(x_0, y_0)=0$，$f'_y(x_0, y_0)=0$ 同时成立的点 (x_0, y_0) 统称为函数 $z=f(x, y)$ 的**驻点**。

定理 2(极值的充分条件) 设函数 $z=f(x, y)$ 在点 (x_0, y_0) 的某邻域内具有一阶及二阶连续偏导数，又 $f'_x(x_0, y_0)=0$，$f'_y(x_0, y_0)=0$，令

$$f''_{xx}(x_0, y_0)=A, f''_{xy}(x_0, y_0)=B, f''_{yy}(x_0, y_0)=C$$

则

(1)若 $AC-B^2>0$，且当 $A<0$ 时有极大值，当 $A>0$ 时有极小值；

(2)若 $AC-B^2<0$，没有极值；

(3)若 $AC-B^2=0$，无法确定是否有极值。

函数 $z=f(x, y)$ 的极值的求法一般步骤如下。

第一步　求偏导数，解方程组：

$$\begin{cases} f'_x(x, y)=0 \\ f'_y(x, y)=0 \end{cases},$$

得驻点。

第二步　求出二阶偏导数，将每个驻点代入，求出 A，B 和 C。

第三步　确定 $AC-B^2$ 的符号，利用定理 2 判定极值是否存在。

例 3　求函数 $f(x, y)=y^3-x^2+6x-12y+5$ 的极值。

解　解方程组 $\begin{cases} f'_x(x, y)=-2x+6=0 \\ f'_y(x, y)=3y^2-12=0 \end{cases}$,

得 $\begin{cases} x=3 \\ y=2 \end{cases}$, $\begin{cases} x=3 \\ y=-2 \end{cases}$;

因此驻点为 (3, 2)，(3, −2)。又因为函数的二阶偏导数为

$$f''_{xx}(x, y)=-2, f''_{xy}(x, y)=0, f''_{yy}(x, y)=6y$$

在点 (3, 2) 处，$AC-B^2<0$，所以 $f(3, 2)=-2$ 不是极值。

在点 (3, −2) 处，$AC-B^2>0$，且 $A<0$，所以 $f(3, -2)=30$ 为极大值。

二、二元函数的最大值、最小值

对于实际问题，如果根据问题的性质，知道 $f(x, y)$ 的最大(小)值一定在 D 内取得，而函数 $f(x, y)$ 在 D 内又只有一个驻点，那么可以肯定该驻点处的函数值就是 $f(x, y)$ 在 D 上的最大(小)值。

例 4　要制作一体积为 2 m^3 的有盖长方体水箱，问长、宽、高分别为多少时，用料最省？

解　设水箱的长、宽分别为 x m，y m，则高为 $\frac{2}{xy}$ m。要用料最省，即使水箱的表面积最小，其表面积为

$$S=2(xy+yz+zx)=2\left(xy+\frac{2}{x}+\frac{2}{y}\right),\quad x, y>0$$

由

$$\begin{cases} S'_x=2(y-\frac{2}{x^2})=0 \\ S'_y=2(x-\frac{2}{y^2})=0 \end{cases},$$

得

$$x=y=\sqrt[3]{2}\text{，此时 } z=\frac{2}{xy}=\sqrt[3]{2}\text{。}$$

由实际问题可知，水箱的表面积的最小值一定在 x，$y>0$ 内取得，且在 x，$y>0$ 内只有一个驻点 $(\sqrt[3]{2}, \sqrt[3]{2})$。因此，当水箱的长、宽、高均为 $\sqrt[3]{2}$ m 时，用料最省。

*三、条件极值及拉格朗日乘数法

上面所讨论的极值问题，除了对自变量限制以外，并无其他条件，所以有时称为**无条件极值**。但在实际问题中，有时需要对自变量加一些约束条件，这类带有约束条件的极值问题，称为**条件极值**。求解这类问题，通常是将条件极值化为非条件极值的情况，但是这个过程并不简单，下面介绍一种直接求条件极值的方法——**拉格朗日乘数法**。

拉格朗日乘数法 要找函数 $z=f(x, y)$ 在条件 $\varphi(x, y)=0$ 下的可能极值点，可以先构造辅助函数

$$F(x, y)=f(x, y)+\lambda\varphi(x, y)$$

其中 λ 为某一常数。然后解方程组

$$\begin{cases}F'_x(x, y)=f'_x(x, y)+\lambda\varphi'_x(x, y)=0\\ F'_y(x, y)=f'_y(x, y)+\lambda\varphi'_y(x, y)=0\\ \varphi(x, y)=0\end{cases}$$

由这方程组解出 x、y 及 λ，则其中 (x, y) 就是所要求的可能的极值点。

这种方法可以推广到自变量多于两个，而条件多于一个的情形。至于如何确定所求的点是否为极值点，在实际问题中往往可根据问题本身的性质来判定。

例 5 从斜边之长为 l 的一切直角三角形中，求有最大周长的直角三角形。

解 设直角三角形的两直角边之长分别为 x、y，则周长 $S=x+y+l\,(0<x<l, 0<y<l)$。

因此，本题是在 $x^2+y^2=l^2$ 下的条件极值问题，作函数 $F(x, y)=x+y+l+\lambda(x^2+y^2-l^2)$。

解方程组 $\begin{cases}F'_x=1+2\lambda x=0\\ F'_y=1+2\lambda y=0,\\ x^2+y^2=l^2\end{cases}$

得唯一可能的极值点 $x=y=\dfrac{l}{\sqrt{2}}$。

根据问题性质可知这种最大周长的直角三角形一定存在，所以斜边之长为 l 的一切直角三角形中，周长最大的是等腰直角三角形。

习题 6.4

1. 求函数 $f(x, y)=x^3+y^3-9xy+27$ 的极值。

2. 要用不锈钢材做成一个体积为 8 m^3 的有盖长方体水箱。问水箱的长、宽、高如何设计，才能使用料最省？

*3. 求表面积为 a^2 而体积最大的长方体体积。

第五节　二重积分

一、二重积分的概念

我们首先回顾一下，一元函数 $y=f(x)$ 在区间 $[a, b]$ 上的定积分的给出过程。它是由分割区间，取近似，求和，最后取极限等步骤所得到的。类似地，我们可以把此定积分的思想推广到二元函数上，便得到二重积分的定义。

定义 1　设 $f(x, y)$ 是有界闭区域 D 上的有界函数，将闭区域 D 任意分成 n 个小闭区域

$$\Delta\sigma_1,\ \Delta\sigma_2,\ \cdots,\ \Delta\sigma_n$$

其中 $\Delta\sigma_i$ 表示第 i 个小区域，也表示它的面积。在每个 $\Delta\sigma_i$ 上任取一点 (ξ_i, η_i)，作和式 $\sum\limits_{i=1}^{n} f(\xi_i, \eta_i)\Delta\sigma_i$。如果当各小闭区域的直径中的最大值 λ 趋于零时，和式的极限总存在，则称此极限为函数 $f(x, y)$ 在闭区域 D 上的**二重积分**，记作 $\iint\limits_{D} f(x, y)\mathrm{d}\sigma$，即

$$\iint\limits_{D} f(x, y)\mathrm{d}\sigma=\lim_{\lambda\to 0}\sum_{i=1}^{n} f(\xi_i, \eta_i)\Delta\sigma_i$$

其中 $f(x, y)$ 称为**被积函数**，$f(x, y)\mathrm{d}\sigma$ 称为**被积表达式**，$\mathrm{d}\sigma$ 称为**面积元素**，x、y 称为**积分变量**，D 称为**积分区域**。

二重积分的几何意义：$\iint\limits_{D} f(x, y)\mathrm{d}\sigma$ 表示以函数 $z=f(x, y)(f(x, y)\geqslant 0)$ 所形成的曲面为顶，以区域 D 为底的曲顶柱体的体积(见图 6-1)，即

$$V=\iint\limits_{D} f(x, y)\mathrm{d}\sigma$$

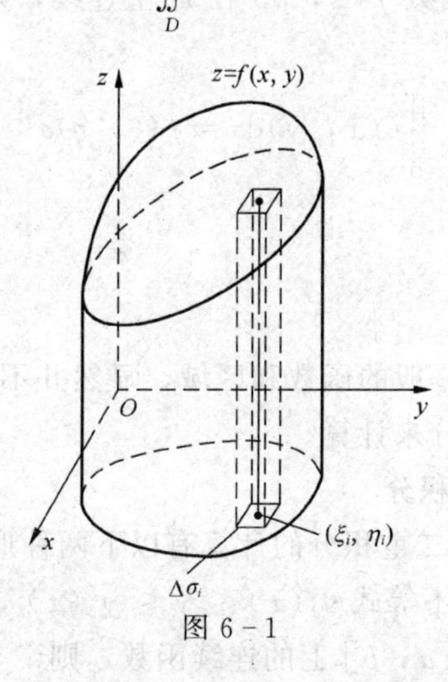

图 6-1

一般地，当 $f(x, y)$ 在闭区域 D 上连续时，积分和的极限是存在的，也就是说函数 $f(x, y)$ 在 D 上的二重积分必定存在。由于初等函数在定义域上是连续的，故初等函数

在闭区域上都是可积的。

二、二重积分的性质

与一元函数的定积分类似，二重积分也有性质，其证明方法与一重积分的相应性质的证法相仿。

性质 1 函数和(或差)的积分等于各函数积分的和(或差)，即

$$\iint_D [f(x, y) \pm g(x, y)] \mathrm{d}\sigma = \iint_D f(x, y) \mathrm{d}\sigma \pm \iint_D g(x, y) \mathrm{d}\sigma$$

性质 2 常数因子可以提到积分号外面，即

$$\iint_D k f(x, y) \mathrm{d}\sigma = k \iint_D f(x, y) \mathrm{d}\sigma \text{（}k\text{ 为任意常数）}$$

性质 3 如果在 D 上 $f(x, y) \equiv 1$，则

$$\iint_D 1 \mathrm{d}\sigma = \iint_D \mathrm{d}\sigma = \sigma \text{（}\sigma\text{ 为 }D\text{ 的面积）}$$

性质 4 如果积分区域 D 分割成 D_1 与 D_2 两部分，则有

$$\iint_D f(x, y) \mathrm{d}\sigma = \iint_{D_1} f(x, y) \mathrm{d}\sigma + \iint_{D_2} f(x, y) \mathrm{d}\sigma$$

性质 5 如果在 D 上 $f(x, y) \leqslant \varphi(x, y)$，则有

$$\iint_D f(x, y) \mathrm{d}\sigma \leqslant \iint_D \varphi(x, y) \mathrm{d}\sigma$$

性质 6 如果 $f(x, y)$ 在 D 上的最大值和最小值分别为 M 和 m，σ 为区域 D 的面积，则

$$m\sigma \leqslant \iint_D f(x, y) \mathrm{d}\sigma \leqslant M\sigma$$

性质 7(中值定理) 如果函数 $f(x, y)$ 在 D 上连续，则在 D 上至少存在一点 (ξ, η) 使得下式成立

$$\iint_D f(x, y) \mathrm{d}\sigma = f(\xi, \eta)\sigma$$

其中 σ 为 D 的面积。

三、二重积分的计算

利用二重积分的定义计算一般的函数和区域，显然并不是一种切实可行的方法，我们将采用将二重积分化为二次积分来计算。

1. 利用直角坐标计算二重积分

根据平面区域 D 的不同，二重积分的计算有以下两种形式。

(1) 设积分区域 D 可以用不等式 $y_1(x) \leqslant y \leqslant y_2(x)$，$a \leqslant x \leqslant b$ 来表示，如图 6-2 所示，其中 $y_1(x)$，$y_2(x)$ 是 $[a, b]$ 上的连续函数，则

$$\iint_D f(x, y) \mathrm{d}\sigma = \int_a^b \mathrm{d}x \int_{y_1(x)}^{y_2(x)} f(x, y) \mathrm{d}y$$

(2) 设积分区域 D 可以用不等式 $x_1(y) \leqslant x \leqslant x_2(y)$，$c \leqslant y \leqslant d$ 来表示，如图 6-3

所示，其中 $x_1(y)$、$x_2(y)$ 是 $[c,\ d]$ 上的连续函数，则

$$\iint\limits_D f(x,\ y)\mathrm{d}\sigma=\int_c^d \mathrm{d}y\int_{x_1(y)}^{x_2(y)} f(x,\ y)\mathrm{d}x$$

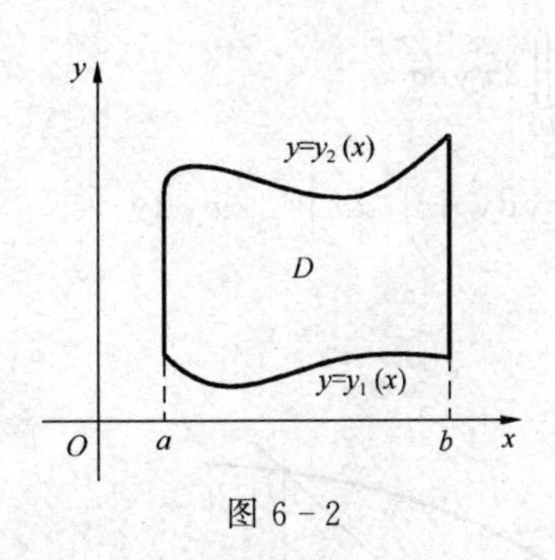

图 6-2

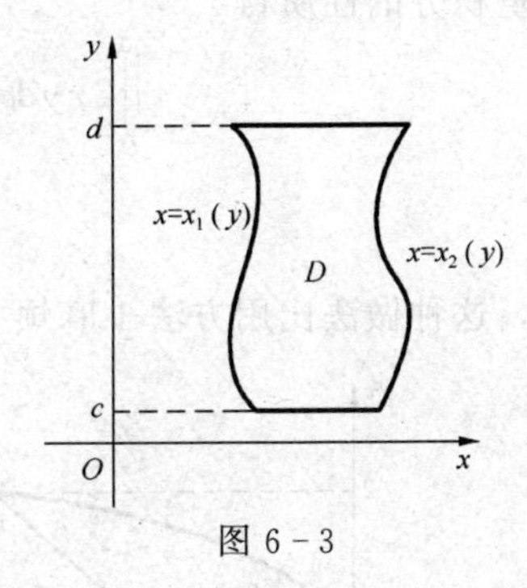

图 6-3

例 1　计算二重积分 $\iint\limits_D \dfrac{\sin x}{x}\mathrm{d}\sigma$，其中积分区域 D 由抛物线 $y=x^2$ 与直线 $y=x$ 所围成，如图 6-4 所示。

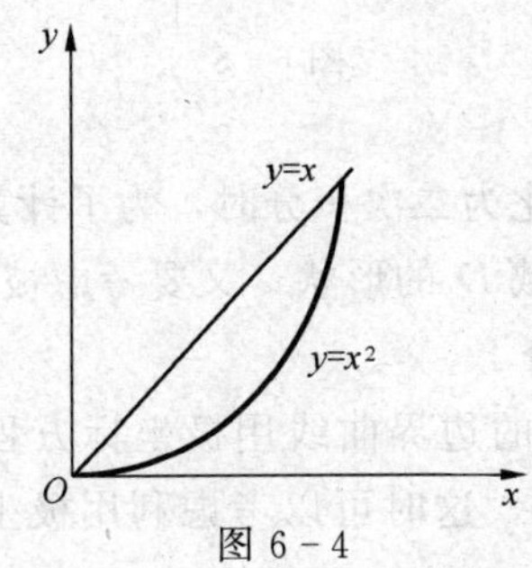

图 6-4

解　求得抛物线与直线的交点为 $(0,\ 0)$、$(1,\ 1)$，则

$$\begin{aligned}\iint\limits_D \frac{\sin x}{x}\mathrm{d}\sigma&=\int_0^1 \mathrm{d}x\int_{x^2}^{x}\frac{\sin x}{x}\mathrm{d}y\\&=\int_0^1 \frac{\sin x}{x}(x-x^2)\mathrm{d}x\\&=\int_0^1 (\sin x-x\sin x)\mathrm{d}x\\&=1-\sin 1\end{aligned}$$

例 2　计算 $\iint\limits_D 2xy\,\mathrm{d}\sigma$，其中 D 由抛物线 $y^2=x$ 与直线 $y=x-2$ 围成。

解　方法一：求得抛物线与直线的交点为 $(4,\ 2)$、$(-1,\ 1)$，如图 6-5(a)所示，因此

$$\begin{aligned}\iint\limits_D 2xy\,\mathrm{d}\sigma&=\int_{-1}^2 \mathrm{d}y\int_{y^2}^{y+2} 2xy\,\mathrm{d}x=\int_{-1}^2 \left(yx^2\Big|_{y^2}^{y+2}\right)\mathrm{d}y\\&=\int_{-1}^2 (y^3+4y^2+4y-y^5)\mathrm{d}y\\&=16\frac{7}{12}\end{aligned}$$

方法二：用直线 $x=1$ 将区域 D 分成 $D_1(-\sqrt{x}\leqslant y\leqslant\sqrt{x}, 0\leqslant x\leqslant 1)$ 和 $D_2(x-2\leqslant y\leqslant\sqrt{x}, 1\leqslant x\leqslant 4)$ 两部分，如图 6 - 5(b)所示。

由二重积分的性质得

$$\iint_D 2xy\,\mathrm{d}\sigma=\iint_{D_1}2xy\,\mathrm{d}\sigma+\iint_{D_2}2xy\,\mathrm{d}\sigma$$

$$=\int_0^1\mathrm{d}x\int_{-\sqrt{x}}^{\sqrt{x}}2xy\,\mathrm{d}y+\int_1^4 dx\int_{x-2}^{\sqrt{x}}2xy\,\mathrm{d}y$$

显然，这种做法比用方法 1 麻烦。

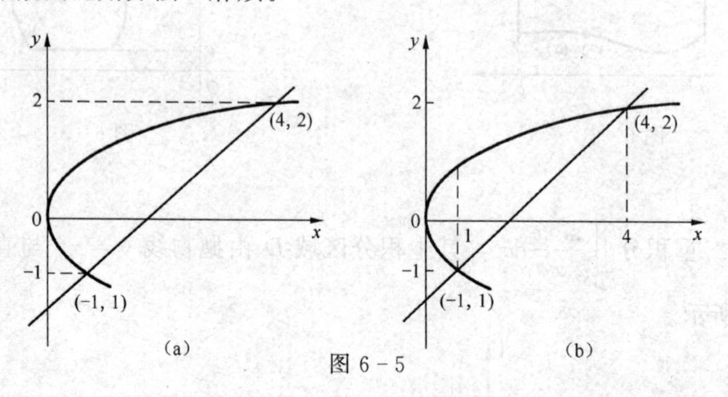

图 6 - 5

以上两例说明，在二重积分化为二次积分时，为了计算简捷，积分次序的选取是十分重要的。这时，既要考虑积分区域 D 的形状，又要考虑被积函数 $f(x, y)$ 的特性。

***2. 利用极坐标计算二重积分**

有些二重积分，积分区域 D 的边界曲线用极坐标方程来表示比较方便，或被积函数用极坐标变量 ρ 、θ 表示比较简单，这时可以考虑利用极坐标来计算二重积分。它和直角坐标的二重积分有如下关系：

$$\iint_D f(x, y)\mathrm{d}\sigma=\iint_D f(\rho\cos\theta, \rho\sin\theta)\rho\mathrm{d}\rho\mathrm{d}\theta$$

关于极坐标系中区域 D 的类型分为以下两种情况。

(1)若区域 D 的边界为 $\rho=\rho(\theta)$，显然 θ 的取值范围为 $[0, 2\pi]$，ρ 的取值为 $0\leqslant\rho\leqslant\rho(\theta)$，则

$$\iint_D f(x, y)\mathrm{d}\sigma=\int_0^{2\pi}\mathrm{d}\theta\int_0^{\rho(\theta)}f(\rho\cos\theta, \rho\sin\theta)\rho\mathrm{d}\rho$$

(2)若区域 D 的边界由两条射线 $\theta=\alpha$，$\theta=\beta(\alpha<\beta)$，及两条曲线 $\rho=\rho_1(\theta)$，$\rho=\rho_2(\theta)(\rho_1(\theta)\leqslant\rho_2(\theta))$ 围成，则

$$\iint_D f(x, y)\mathrm{d}\sigma=\int_\alpha^\beta\mathrm{d}\theta\int_{\rho_1(\theta)}^{\rho_2(\theta)}f(\rho\cos\theta, \rho\sin\theta)\rho\mathrm{d}\rho$$

例 3 计算 $\iint_D xy^2\mathrm{d}x\mathrm{d}y$，其中 D 为半圆域：$x^2+y^2\leqslant 4, x\geqslant 0$。

解 积分区域 D 如图 6 - 6 所示，圆 $x^2+y^2=4$ 的极坐标方程为 $\rho=2$，则 D 可表示为：$0\leqslant\rho\leqslant 2, -\dfrac{\pi}{2}\leqslant\theta\leqslant\dfrac{\pi}{2}$。于是

$$\iint_D xy^2\,\mathrm{d}x\,\mathrm{d}y=\iint_D \rho\cos\theta\cdot\rho^2\sin^2\theta\cdot\rho\,\mathrm{d}\rho\,\mathrm{d}\theta$$
$$=\int_{-\frac{\pi}{2}}^{\frac{\pi}{2}}\mathrm{d}\theta\int_0^2\cos\theta\sin^2\theta\cdot\rho^4\,\mathrm{d}\rho$$
$$=\int_{-\frac{\pi}{2}}^{\frac{\pi}{2}}\cos\theta\sin^2\theta\left[\frac{r^5}{5}\right]_0^2\mathrm{d}\theta$$
$$=\frac{32}{5}\int_{-\frac{\pi}{2}}^{\frac{\pi}{2}}\cos\theta\sin^2\theta\,\mathrm{d}\theta$$
$$=\frac{64}{15}$$

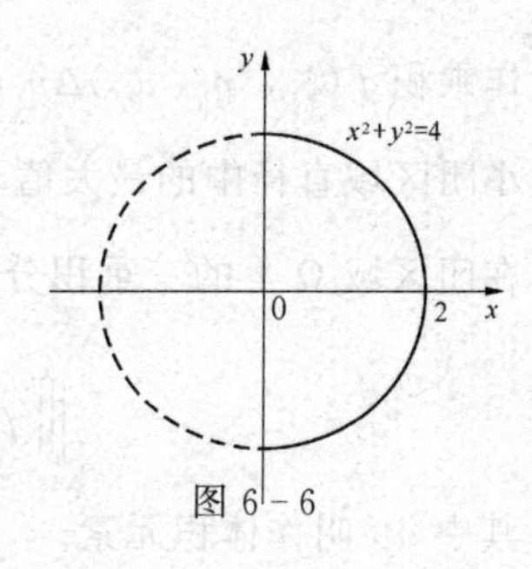

图 6-6

习题 6.5

1. 改换下列二次积分的积分次序。

(1) $\int_0^1\mathrm{d}y\int_0^y f(x, y)\mathrm{d}x$

(2) $\int_0^2\mathrm{d}y\int_{y^2}^{2y} f(x, y)\mathrm{d}x$

2. 利用直角坐标计算下列二重积分。

(1) $\iint_D (xy^2)\mathrm{d}x\mathrm{d}y$，其中 D 是由 $y=x$，$y=0$，$x=1$ 所围成的区域。

(2) $\iint_D (x^3+3x^2y+y^3)\mathrm{d}x\mathrm{d}y$，其中 D 是矩形闭区域：$0\leqslant x\leqslant 1$，$0\leqslant y\leqslant 1$。

(3) $\iint_D (3x+2y)\mathrm{d}x\mathrm{d}y$，其中 D 是由两坐标轴及直线 $x+y=2$ 所围成的区域。

*3. 利用极坐标计算下列二重积分。

(1) $\iint_D (x^2+y^2)\mathrm{d}x\mathrm{d}y$，其中 $D=\{x, y \mid a^2\leqslant x^2+y^2\leqslant b^2\}$。

(2) $\iint_D \mathrm{e}^{-x^2-y^2}\mathrm{d}x\mathrm{d}y$，其中 D 为圆域：$x^2+y^2\leqslant a^2$。

(3) $\iint_D \sqrt{R^2-x^2-y^2}\,\mathrm{d}\sigma$，其中 D 是由 $x^2+y^2=Rx$ 围成的区域（$x>0$，$y>0$）。

*第六节　三重积分

定积分及二重积分作为和的极限的概念，可以很自然地推广到三重积分。

一、三重积分的概念

定义　设 $f(x, y, z)$ 是空间有界闭区域 Ω 上的有界函数，将 Ω 任意分成 n 个小闭区域

$$\Delta v_1, \Delta v_2, \cdots, \Delta v_n$$

其中 Δv_i 表示第 i 个小闭区域，也表示它的体积。在每个 Δv_i 上任取一点 (ξ_i, η_i, ζ_i)，

作乘积 $f(\xi_i, \eta_i, \zeta_i)\Delta v_i (i=1, 2, \cdots, n)$，并作和 $\sum_{i=1}^{n} f(\xi_i, \eta_i, \zeta_i)\Delta v_i$。如果当各个小闭区域直径中的最大值 λ 趋于零时，和的极限总存在，则称此极限为函数 $f(x, y, z)$ 在闭区域 Ω 上的三重积分，记作 $\iiint\limits_{\Omega} f(x, y, z)\mathrm{d}v$，即

$$\iiint\limits_{\Omega} f(x, y, z)\mathrm{d}v = \lim_{\lambda \to 0} \sum_{i=1}^{n} f(\xi_i, \eta_i, \zeta_i)\Delta v_i$$

其中 $\mathrm{d}v$ 叫作体积元素。

二、三重积分的计算

与二重积分的计算类似，三重积分也是化为三次积分来计算的。我们可以利用直角坐标、柱面坐标和球面坐标计算三重积分，这里我们只介绍在直角坐标系下如何将三重积分化为三次积分的方法。

在直角坐标系中，三重积分记作 $\iiint\limits_{\Omega} f(x, y, z)\mathrm{d}x\mathrm{d}y\mathrm{d}z$，

即 $\iiint\limits_{\Omega} f(x, y, z)\mathrm{d}v = \iiint\limits_{\Omega} f(x, y, z)\mathrm{d}x\mathrm{d}y\mathrm{d}z$，

其中 $\mathrm{d}x\mathrm{d}y\mathrm{d}z$ 叫作直角坐标系中的体积元素。

假设平行于 z 轴且穿过闭区域 Ω 内部的直线与闭区域 Ω 的边界曲面 S 相交不多于两点。把闭区域 Ω 投影到 xOy 面上，得一平面闭区域 D_{xy}。如图 6-7 所示，以 D_{xy} 的边界为准线作母线平行于 z 轴的柱面。

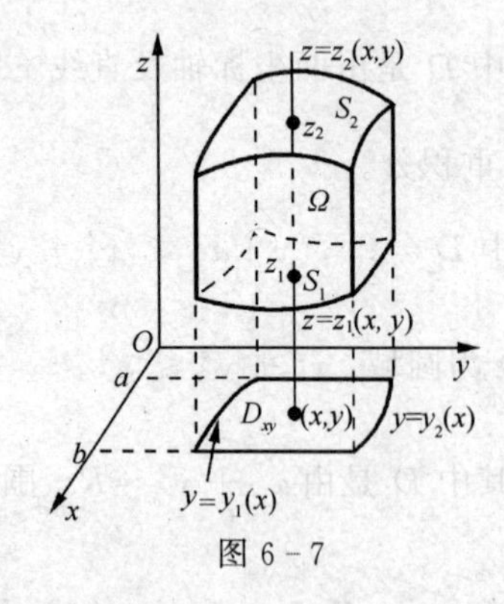

图 6-7

这个柱面与曲面 S 的交线从 S 中分出上、下两部分，它们的方程分别为

$$S_1: z = z_1(x, y),$$
$$S_2: z = z_2(x, y),$$

若闭区域 $D_{xy} = \{(x, y) \mid y_1(x) \leqslant y \leqslant y_2(x), a \leqslant x \leqslant b\}$，则计算公式为

$$\iiint\limits_{\Omega} f(x, y, z)\mathrm{d}v = \int_a^b \mathrm{d}x \int_{y_1(x)}^{y_2(x)} \mathrm{d}y \int_{z_1(x, y)}^{z_2(x, y)} f(x, y, z)\mathrm{d}z \qquad (6-1)$$

例 1 计算三重积分 $\iiint\limits_{\Omega} x\,\mathrm{d}x\mathrm{d}y\mathrm{d}z$，其中 Ω 为三个坐标面及平面 $x+2y+z=1$ 所围成的闭区域。

解　$D_{xy}=\{(x, y) \mid 0 \leqslant y \leqslant \frac{1-x}{2}, 0 \leqslant x \leqslant 1\}$，由公式(6-1)，得

$$\iiint_{\Omega} x\,dx\,dy\,dz=\iiint_{\Omega} x\,dx\,dy\,dz=\int_0^1 dx \int_0^{\frac{1-x}{2}} dy \int_0^{1-x-2y} x\,dz$$

$$=\int_0^1 x\,dx \int_0^{\frac{1-x}{2}}(1-x-2y)\,dy$$

$$=\frac{1}{4}\int_0^1 (x-2x^2+x^3)\,dx$$

$$=\frac{1}{48}$$

习题 6.6

1. 计算 $\iiint_{\Omega} xy^2z^3\,dx\,dy\,dz$，其中 Ω 是由曲面 $z=xy$，与平面 $y=x$，$x=1$ 和 $z=0$ 所围成的闭区域。

2. 计算 $\iiint_{\Omega} \frac{dx\,dy\,dz}{(1+x+y+z)^3}$，其中 Ω 为平面 $x=0$，$y=0$，$z=0$，$x+y+z=1$ 所围成的四面体。

*第七节　对坐标的曲线积分

一、对坐标的曲线积分的概念与性质

定义　设 L 为 xOy 面内从点 A 到点 B 的一条有向光滑曲线弧，函数 $P(x, y)$、$Q(x, y)$ 在 L 上有界。在 L 上沿 L 的方向任意插入一点列

$$M_1(x_1, y_1), M_2(x_2, y_2), \cdots, M_{n-1}(x_{n-1}, y_{n-1})$$

把 L 分成 n 个有向小弧段 $M_{i-1}M_i(i=1, 2, \cdots, n; M_0=A, M_n=B)$。

设 $\Delta x_i=x_i-x_{i-1}$，$\Delta y_i=y_i-y_{i-1}$，，点 (ξ_i, η_i) 为弧段 $M_{i-1}M_i$ 上任意取定的点。如果当各小弧段长度的最大值 $\lambda \to 0$ 时，$\sum_{i=1}^{n} P(\xi_i, \eta_i)\Delta x_i$ 的极限总存在，则称此极限为函数 $P(x, y)$ 在有向曲线弧 L 上**对坐标** x **的曲线积分**，记作 $\int_L P(x, y)dx$ 。

类似地，如果 $\lim_{\lambda \to 0}\sum_{i=1}^{n} Q(\xi_i, \eta_i)\Delta y_i$ 总存在，则称此极限为函数 $Q(x, y)$ 在有向曲线弧 L 上对坐标 y 的曲线积分，记作 $\int_L Q(x, y)dy$ 。即

$$\int_L P(x, y)dx=\lim_{\lambda \to 0}\sum_{i=1}^{n} P(\xi_i, \eta_i)\Delta x_i$$

$$\int_L Q(x, y)dy=\lim_{\lambda \to 0}\sum_{i=1}^{n} Q(\xi_i, \eta_i)\Delta y_i$$

其中 $P(x, y)$、$Q(x, y)$ 叫作被积函数，L 叫作积分弧段。

以上两个积分也称为第二类曲线积分。

性质 1 设 L 为有向曲线弧，L^- 表示与 L 方向相反的曲线弧，则

$$\int_L P(x, y)\mathrm{d}x = -\int_{L^-} P(x, y)\mathrm{d}x$$

$$\int_Q Q(x, y)\mathrm{d}y = -\int_{Q^-} Q(x, y)\mathrm{d}y$$

即对坐标的曲线积分与积分弧段的方向有关。

性质 2 设 L 由 L_1 和 L_2 两段光滑曲线连接而成，则

$$\int_L P\mathrm{d}x + Q\mathrm{d}y = \int_{L_1} P\mathrm{d}x + Q\mathrm{d}y + \int_{L_2} P\mathrm{d}x + Q\mathrm{d}y,$$

即对坐标的曲线积分满足对积分弧段的可加性。

其中 $P(x, y)$、$Q(x, y)$ 叫作被积函数，L 叫作积分弧段。

二、对坐标的曲线积分的计算

设 $P(x, y)$、$Q(x, y)$ 在有向曲线弧 L 上有定义且连续，L 的参数方程为

$$\begin{cases} x = \varphi(t) \\ y = \psi(t) \end{cases}$$

当参数 t 单调地由 α 变到 β 时，点 $M(x, y)$ 从 L 的起点 A 沿 L 运动到终点 B，$\varphi(t)$、$\psi(t)$ 在以 α 及 β 为端点的闭区间上具有一阶连续导数，且

$$\varphi'^2(t) + \psi'^2(t) \neq 0$$

则曲线积分 $\int_L P(x, y)\mathrm{d}x + Q(x, y)\mathrm{d}y$ 存在，且

$$\int_L P(x, y)\mathrm{d}x + Q(x, y)\mathrm{d}y$$

$$= \int_\alpha^\beta \{P[\varphi(t), \psi(t)]\varphi'(t) + Q[\varphi(t), \psi(t)]\psi'(t)\}\mathrm{d}t$$

例 1 计算 $\int_L xy\mathrm{d}x$，其中 L 为抛物线 $y = x^2$ 上从点 $(1, -1)$ 到点 $(1, 1)$ 的一段弧，如图 6-8 所示。

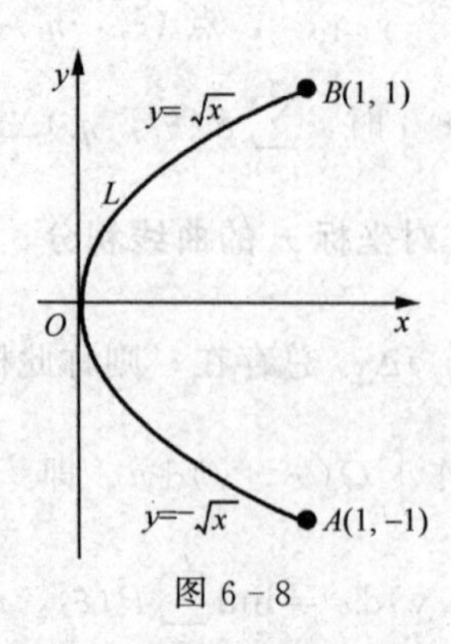

图 6-8

解 $\int_L xy\mathrm{d}x = \int_{-1}^1 y^2 y(y^2)'\mathrm{d}y = 2\int_{-1}^1 y^4\mathrm{d}y = \dfrac{4}{5}$

习题 6.7

1. 计算曲线积分 $\int_L (x^2-y^2)\mathrm{d}x$ ，其中 L 为抛物线 $y=x^2$ 上从点 (0，0) 到点 (2，4) 的一段弧。

2. 计算曲线积分 $\oint xy\mathrm{d}x$ ，其中 L 为圆周 $(x-a)^2+y^2=a^2(a>0)$ 及 x 轴所围成区域在第一象限内的整个边界(按逆时针方向)。

*第八节　格林公式及其应用

一、格林公式

首先规定区域 D 的边界曲线 L 的正方向：当观察者沿 L 的某个方向行走时，区域 D 总在其左侧，则该方向即为 L 的正向。

定理 1　设平面区域是由分段光滑曲线 L 所围成，函数 $P(x, y)$ 、$Q(x, y)$ 在 D 上具有一阶连续偏导数，则有

$$\oint_L P\mathrm{d}x+Q\mathrm{d}y=\iint_D\left(\frac{\partial Q}{\partial x}-\frac{\partial P}{\partial y}\right)\mathrm{d}x\mathrm{d}y \tag{8-1}$$

成立，这里曲线积分是按正向取的，称上式为**格林公式**。

证明略。

例 1　求椭圆 $x=a\cos\theta$，$y=b\sin\theta$ 所围成图形的面积 A 。

解　根据公式(8-1)有

$$\frac{1}{2}\oint_L x\mathrm{d}y-y\mathrm{d}x=\frac{1}{2}\int_0^{2\pi}(ab\cos^2\theta+ab\sin^2\theta)\mathrm{d}\theta$$

$$=\frac{1}{2}ab\int_0^{2\pi}\mathrm{d}\theta=\pi ab$$

二、平面上曲线积分与路径无关的条件

定义 (曲线积分与路径无关)设 G 是一单连通域，$P(x, y)$ 以及 $Q(x, y)$ 在区域 G 内具有一阶连续偏导数。如果对于 G 内任意指定的两个点 A 、B 以及 G 内从 A 点到 B 点的任意两条曲线 L_1，L_2(见图 6-9)，等式

$$\int_{L_1}P\mathrm{d}x+Q\mathrm{d}y=\int_{L_2}P\mathrm{d}x+Q\mathrm{d}y$$

恒成立，就说曲线积分 $\int_L P\mathrm{d}x+Q\mathrm{d}y$ 在 G 内与路径无关。

定理 2　设区域 G 是一单连通域，函数 $P(x, y)$ ，$Q(x, y)$ 在 G 内具有一阶连续偏导数，则曲线积分 $\int_L P\mathrm{d}x+Q\mathrm{d}y$ 在 G 内与路径无关(或沿 G 内任意闭曲线的曲线积分为零)的充分必要条件是

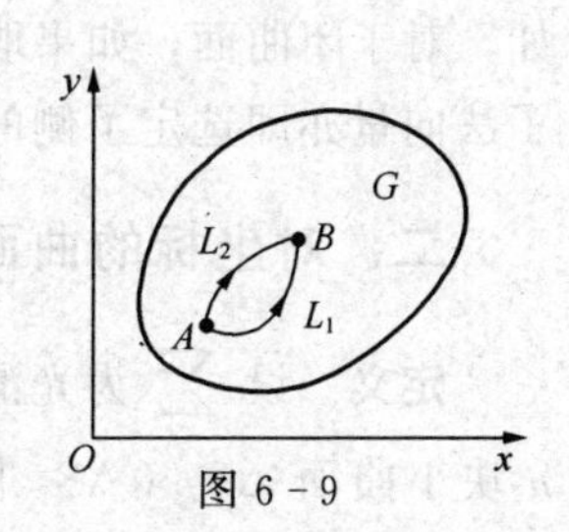

图 6-9

$$\frac{\partial P}{\partial y}=\frac{\partial Q}{\partial x}$$

在 G 内恒成立。

证明略。

例 2 计算 $\int_{(1,0)}^{(6,8)}\frac{x\mathrm{d}x+y\mathrm{d}y}{\sqrt{x^2+y^2}}$，积分沿不通过坐标原点的路径。

解 观察可得，当 $(x, y)\neq(0, 0)$ 时，$\frac{x\mathrm{d}x+y\mathrm{d}y}{\sqrt{x^2+y^2}}=\mathrm{d}\sqrt{x^2+y^2}$，

于是

$$\int_{(1,0)}^{(6,8)}\frac{x\mathrm{d}x+y\mathrm{d}y}{\sqrt{x^2+y^2}}=\int_{(1,0)}^{(6,8)}\mathrm{d}\sqrt{x^2+y^2}=\sqrt{x^2+y^2}\Big|_{(1,0)}^{(6,8)}=9$$

习题 6.8

1. 计算曲线积分 $\oint_L(2x-y+4)\mathrm{d}x+(5y+3x-6)\mathrm{d}y$，其中 L 为三顶点分别为 $(0, 0)$，$(3, 0)$ 和 $(3, 2)$ 的三角形正向边界。

2. 计算曲线积分 $\oint_L(x^2y\cos x+2xy\sin x-y^2\mathrm{e}^x)\mathrm{d}x+(x^2\sin x-2y\mathrm{e}^x)\mathrm{d}y$，其中 L 为正向星形线 $x^{\frac{2}{3}}+y^{\frac{2}{3}}=a^{\frac{2}{3}}(a>0)$。

*第九节 对坐标的曲面积分

一、有向曲面的概念

在对坐标的曲线积分中，由于它与积分路径有关，因此必须对曲线的方向做出规定。这里讨论对坐标的曲面积分，也与曲面的侧有关，为此我们先对曲面的侧作出如下规定。

在曲面的任一点 P 处做它的法向量，它存在两个指向，取定一个指向 n，当点 P 在曲面上不越过边界而连续变动时，法向量 n 也随着连续变动。这种连续变动又回到点 P 时，法向量 n 总是不改变方向，这样的曲面称为双侧曲面。否则称为单侧曲面。一般我们遇到的曲面都是双侧的。

那么，如何确定曲面的侧呢？我们可以通过曲面上法向量的指向来确定。例如，对于曲面 $z=z(x, y)$，如果取它的法向量 n 的指向朝上，我们就认为取定曲面的上侧；又如，对于闭曲面，如果取它的法向量的指向朝外，我们就认为取定曲面的外侧。这种取定了法向量亦即选定了侧的曲面，就称为**有向曲面**。

二、对坐标的曲面积分的概念与性质

定义 设 $\sum$ 为光滑的有向曲面，函数 $R(x, y, z)$ 在 $\sum$ 上有界。把 $\sum$ 任意分成 n 块小曲面 ΔS_i（ΔS_i 同时又表示第 i 块小曲面的面积），ΔS_i 在 xOy 面上的投影为 $(\Delta S_i)_{xy}$，(ξ_i, η_i, ζ_i) 是 ΔS_i 上任意取定的一点。如果当各小块曲面的直径的最大值 $\lambda\to$

0 时，$\lim\limits_{\lambda\to 0}\sum\limits_{i=1}^{n}R(\xi_i,\ \eta_i,\ \zeta_i)(\Delta S_i)_{xy}$ 总存在，则称此极限为函数 $R(x,\ y,\ z)$ 在有向曲面 $\sum$ 上对坐标 x、y 的曲面积分，记作 $\iint\limits_{\Sigma}R(x,\ y,\ z)\mathrm{d}x\mathrm{d}y$，即

$$\iint\limits_{\Sigma}R(x,\ y,\ z)\mathrm{d}x\mathrm{d}y=\lim_{\lambda\to 0}\sum_{i=1}^{n}R(\xi_i,\ \eta_i,\ \zeta_i)(\Delta S_i)_{xy}$$

其中 $R(x,\ y,\ z)$ 叫作被积函数，$\sum$ 叫作积分曲面。

类似地可以定义函数 $P(x,\ y,\ z)$ 在有向曲面 $\sum$ 上对坐标 y、z 的曲面积分 $\iint\limits_{\Sigma}P(x,\ y,\ z)\mathrm{d}y\mathrm{d}z$，及函数 $Q(x,\ y,\ z)$ 在有向曲面 $\sum$ 上对坐标 z、x 的曲面积分 $\iint\limits_{\Sigma}Q(x,\ y,\ z)\mathrm{d}z\mathrm{d}x$ 分别为

$$\iint\limits_{\Sigma}P(x,\ y,\ z)\mathrm{d}y\mathrm{d}z=\lim_{\lambda\to 0}\sum_{i=1}^{n}P(\xi_i,\ \eta_i,\ \zeta_i)(\Delta S_i)_{yz}$$

$$\iint\limits_{\Sigma}Q(x,\ y,\ z)\mathrm{d}z\mathrm{d}x=\lim_{\lambda\to 0}\sum_{i=1}^{n}Q(\xi_i,\ \eta_i,\ \zeta_i)(\Delta S_i)_{zx}$$

以上三个曲面积分也称为第二类曲面积分。

对坐标的曲面积分具有与对坐标的曲线积分相类似的一些性质。

性质 1　如果把 $\sum$ 分成 $\sum_1$ 和 $\sum_2$，则

$$\iint\limits_{\Sigma}P\mathrm{d}y\mathrm{d}z+Q\mathrm{d}z\mathrm{d}x+R\mathrm{d}x\mathrm{d}y$$

$$=\iint\limits_{\Sigma_1}P\mathrm{d}y\mathrm{d}z+Q\mathrm{d}z\mathrm{d}x+R\mathrm{d}x\mathrm{d}y+\iint\limits_{\Sigma_2}P\mathrm{d}y\mathrm{d}z+Q\mathrm{d}z\mathrm{d}x+R\mathrm{d}x\mathrm{d}y$$

上式也可以推广到 $\sum$ 分成 $\sum_1$，$\sum_2$，…，$\sum_n$ 几部分的情形。

性质 2　设 $\sum$ 是有向曲面，$\sum^-$ 表示与 $\sum$ 取相反侧的方向曲面，则

$$\iint\limits_{\Sigma}P(x,\ y,\ z)\mathrm{d}y\mathrm{d}z=-\iint\limits_{\Sigma^-}P(x,\ y,\ z)\mathrm{d}y\mathrm{d}z$$

$$\iint\limits_{\Sigma}Q(x,\ y,\ z)\mathrm{d}z\mathrm{d}x=-\iint\limits_{\Sigma^-}Q(x,\ y,\ z)\mathrm{d}z\mathrm{d}x$$

$$\iint\limits_{\Sigma}R(x,\ y,\ z)\mathrm{d}x\mathrm{d}y=-\iint\limits_{\Sigma^-}R(x,\ y,\ z)\mathrm{d}x\mathrm{d}y$$

三、对坐标的曲面积分的计算

由定义可知，若 $\sum$ 是由方程 $z=z(x,\ y)$ 所给出的曲面上侧，$\sum$ 在 xOy 面上的投影区域为 D_{xy}，有 $\iint\limits_{\Sigma}R(x,\ y,\ z)\mathrm{d}x\mathrm{d}y=\iint\limits_{D_{xy}}R(x,\ y,\ z(x,\ y))\mathrm{d}x\mathrm{d}y$，若 $\sum$ 是由方程

$z=z(x,y)$ 所给出的曲面下侧，$\iint\limits_{\Sigma^-} R(x,y,z)\mathrm{d}x\mathrm{d}y=-\iint\limits_{D_{xy}} R(x,y,z(x,y))\mathrm{d}x\mathrm{d}y$。

$\iint\limits_{\Sigma} P(x,y,z)\mathrm{d}y\mathrm{d}z$，$\iint\limits_{\Sigma} Q(x,y,z)\mathrm{d}z\mathrm{d}x$ 的情况类似，不再重述。

例 1 计算曲面积分 $\iint\limits_{\Sigma} xyz\mathrm{d}x\mathrm{d}y$，其中 $\sum$ 是球面在部分的外侧。

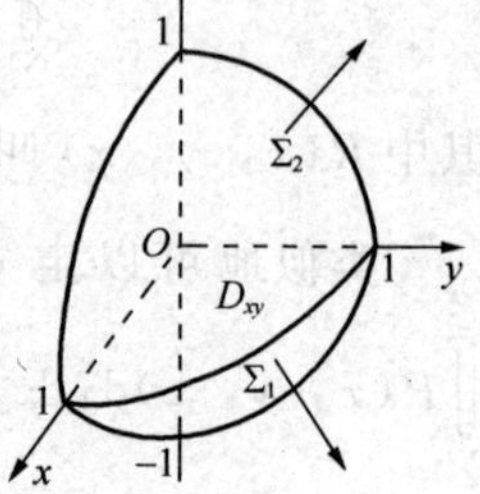

解 把 $\sum$ 分成 $\sum_1$ 和 $\sum_2$，如图 6-10 所示。

$\sum_1$ 的方程是 $z=\sqrt{1-x^2-y^2}$

$\sum_2$ 的方程是 $z=-\sqrt{1-x^2-y^2}$

图 6-10

于是

$$\begin{aligned}
\iint\limits_{\Sigma} xyz\mathrm{d}x\mathrm{d}y &= \iint\limits_{\Sigma_1} xyz\mathrm{d}x\mathrm{d}y+\iint\limits_{\Sigma_2} xyz\mathrm{d}x\mathrm{d}y \\
&= \iint\limits_{D_{xy}} xy\sqrt{1-x^2-y^2}\mathrm{d}x\mathrm{d}y-\iint\limits_{D_{xy}} xy(-\sqrt{1-x^2-y^2})\mathrm{d}x\mathrm{d}y \\
&= 2\iint\limits_{D_{xy}} xy\sqrt{1-x^2-y^2}\mathrm{d}x\mathrm{d}y \\
&= 2\int_0^{\frac{\pi}{2}}\mathrm{d}\theta\int_0^1 r^3\sqrt{1-r^2}\cos\theta\sin\theta\mathrm{d}r \\
&= \frac{2}{15}
\end{aligned}$$

习题 6.9

1. 计算曲面积分 $\iint\limits_{\Sigma} x^2y^2z\mathrm{d}x\mathrm{d}y$，其中 $\sum$ 是球面 $x^2+y^2+z^2=R^2$ 的下半部分的下侧。

2. 计算曲面积分 $\oiint\limits_{\Sigma} xz\mathrm{d}x\mathrm{d}y+xy\mathrm{d}y\mathrm{d}z+yz\mathrm{d}z\mathrm{d}x$，其中 $\sum$ 是平面 $x=0$，$y=0$，$z=0$，$x+y+z=1$ 所围成的空间区域的整个边界曲面的外侧。

习题答案

第一章

习题 1.1

1. (1) $(-\infty, 1] \cup [3, +\infty)$；　(2) $[0, 1]$；

(3) $[1, 3) \cup (3, 4)$；　(4) $(10, +\infty)$。

2. (1) 不相等；　(2) 不相等；　(3) 不相等；　(4) 不相等。

3. $f(-1)=0$，　$f(3)=6$，　$f(x^2)=\begin{cases} x^4-1 & -1<x<1 \\ x^2+3 & \text{其他} \end{cases}$，　$f(f(-2))=6$。

4. (1) $f(g(x))=\sin x^2$，$g(f(x))=\sin^2 x$；

(2) $f(g(x))=\lg(\sqrt{x}+1)+1$，$g(f(x))=\sqrt{\lg x+1}+1$。

5. (1) 偶函数；　(2) 奇函数。

6. $f(x^2)$ 为偶函数，$f(x)+f(-x)$ 为偶函数，$f(x)-f(-x)$ 为奇函数，$f^2(x)$ 的奇偶性不能确定。

7.（略）。

8. $f(x)=x^2-2$。

习题 1.2

1. (1) $\frac{1}{2}$，$\frac{1}{2^2}$，$\frac{1}{2^3}$，$\frac{1}{2^4}$，$\frac{1}{2^5}$，…；

(2) $\sin\pi$，$\frac{1}{2}\sin\frac{\pi}{2}$，$\frac{1}{3}\sin\frac{\pi}{3}$，$\frac{1}{4}\sin\frac{\pi}{4}$，$\frac{1}{5}\sin\frac{\pi}{5}$，…

2. (1) 发散；　(2) 收敛到 1；　(3) 收敛到 0。

习题 1.3

1. (1) 发散；　(2) 发散；　(3) 发散；(4) 0。

2. $\lim\limits_{x\to3^-}x=3$，$\lim\limits_{x\to3^+}(3x-1)=8$

左右极限存在但不相等，所以 $\lim\limits_{x\to3}f(x)$ 不存在。

3. $\lim\limits_{x\to1}f(x)=1$

*4. $\lim\limits_{x\to0^-}\frac{|x|}{x}=\lim\limits_{x\to0^-}\frac{-x}{x}=-1$

$\lim\limits_{x\to0^+}\frac{|x|}{x}=\lim\limits_{x\to0^+}\frac{x}{x}=1$

因 $\lim\limits_{x\to0^-}\frac{|x|}{x}\neq\lim\limits_{x\to0^+}\frac{|x|}{x}$

所以 $\lim\limits_{x\to0}\frac{|x|}{x}$ 不存在。

习题 1.4

1. (1) 24；　(2) 0；　(3) ∞；　(4) $\frac{2}{3}$；　(5) 1；　(6) -2。

习题 1.5

1. (1) $\frac{a}{b}$；　(2) $\frac{1}{4}$；　(3) 7；(4) 0；(5) $\frac{1}{2}$；　(6) $-\sin a$；　(7) 1。

2. (1) e^2；　(2) $e^{-\frac{3}{2}}$；　(3) e^{-2}；　(4) e^3。

3. (1) 0；　(2) 2。

习题 1.6

1. (1) 无穷小；　(2) 无穷大；　(3) 既不是无穷大也不是无穷小；　(4) 无穷小；(5) 无穷大；　(6) 无穷小。

2. (1) 0；(2) 0；(3) ∞；(4) 0。

3. $y=\frac{1}{(x-1)^2}$ 在 $x\to 1$ 时是无穷大量，在 $x\to\infty$ 时是无穷小量。

4. (1) $\frac{1}{3}$；　(2)0；　(3) ∞；　(4)0。

5. (1) $\frac{3}{4}$；　(2) $\frac{1}{2}$；　(3)1；　(4) $\frac{1}{2\sqrt{2}}$；　(5) $-\sin a$；　(6) $\frac{1}{2}$。

习题 1.7

1. (略)。

2. (1) 连续；　(2) 间断 (不连续)。

3. $a=3$，$b=1$。

4. (1) $x=-2$ 无穷间断点；　(2) $x=1$ 可去间断点；$x=2$ 无穷间断点；
(3) $x=0$ 可去间断点；　(4) $x=0$ 跳跃间断点；　(5) $x=1$ 可去间断点。

5. (略)。　6. (略)。

7. (1) 0；　(2) $\sqrt{2}$。

第二章

习题 2.1

1. (1) $-2f'(x_0)$；　(2) $2f'(x_0)$。

2. $k=1$ 切线方程：$y=x$，法线方程：$y=-x+2$。

3. (1)在 $x=0$ 处连续，不可导；
(2) 在 $x=0$ 处连续且可导。

习题 2.2

1. (1) $6x^2+2^x\ln 2-4e^x$；　(2) $\sec x(2\sec x+\tan x)$；　(3) $x^2(3\ln x+1)$；
(4) $e^x(\cos x-\sin x)$；　(5) $\cot x-x\csc^2 x$；　(6) $\frac{2x}{(1-x^2)^2}$；
(7) $\frac{\cos t-\sin t-1}{(1-\cos t)^2}$；　(8) $\frac{2}{(1-x)^2}$。

2. 切线方程：$2x+y-3=0$，法线方程：$x-2y+1=0$。

习题 2.3

1. (1) $y'|_{x=\frac{\pi}{6}}=\frac{\sqrt{3}+1}{2}$，$y'|_{x=\frac{\pi}{4}}=\sqrt{2}$；　(2) -1；　(3) $\frac{4\sqrt{3}}{3}$。

2. (1) $3\sin(4-3x)$ ； (2) $\dfrac{2x}{1+x^2}$ ； (3) $-\dfrac{1}{x^2+1}$ ； (4) $\dfrac{1}{\sqrt{x^2+a^2}}$ ；

(5) $x^2(x^2-1)(7x^2-3)$ ； (6) $\dfrac{1}{2\sqrt{x-x^2}}$ ；

(7) $\sin 2x\sin x^2+2x\sin^2 x\cos x^2$ ； (8) $\dfrac{e^{\arctan\sqrt{x}}}{2\sqrt{x}(1+x)}$ 。

3. $a=2$，$b=-3$。

4. (1) $\dfrac{y}{y-x}$ ； (2) $-\dfrac{e^y}{1+xe^y}$ ； (3) $\dfrac{x+y}{x-y}$ ； (4) $\dfrac{2x\cos 2x-y-xye^{xy}}{x^2e^{xy}+x\ln x}$ 。

5. (1) $(\dfrac{x}{1+x})^x(\ln\dfrac{x}{1+x}+\dfrac{1}{1+x})$ ；

(2) $\dfrac{\sqrt{x+2}(3-x)^4}{(x+1)^5}[\dfrac{1}{2(x+2)}-\dfrac{4}{3-x}-\dfrac{5}{x+1}]$ ；

(3) $x^{x^2}(2x\ln x+x)$ ； (4) $(\sin x)^{\tan x}(\sec^2 x\ln\sin x+1)$ 。

6. (1) $\dfrac{3b}{2a}t$ ； (2) -1。

7. 切线方程：$2\sqrt{2}x+y-2=0$，法线方程：$\sqrt{2}x-4y-1=0$。

习题 2.4

1. (1) $4-\dfrac{1}{x^2}$ ； (2) $-2\sin x-x\cos x$ ； (3) $\dfrac{2(1-x^2)}{(1+x^2)^2}$ ； (4) $\dfrac{1}{x}$ ；

(5) $2\arctan x+\dfrac{2x}{1+x^2}$ ； (6) $2x(3+2x^2)e^{x^2}$ 。

2. (1) $a^x\ln^n a$ ； (2) $\dfrac{(-1)^{n-1}(n-1)!}{(1+x)^n}$ ；

(3) $m(m-1)\cdots(m-n+1)(1+x)^{m-n}$ ； (4) $(n+x)e^x$ 。

习题 2.5

1. $\Delta y=-0.0199$，$dy=-0.02$。

2. (1) $2\cos(2x+3)dx$ ； (2) $\dfrac{2xe^{x^2}}{1+e^{x^2}}dx$ ； (3) $-e^{1-3x}(3\cos x+\sin x)dx$ ；

(4) $(\sin 2x+2x\cos 2x)dx$ ； (5) $(x^2+1)^{-\frac{3}{2}}dx$ ； (6) $(\dfrac{1}{x}+\dfrac{1}{\sqrt{x}})dx$ ；

(7) $e^{-x}[\sin(2-x)-\cos(2-x)]dx$ ； (8) $-4\tan(1-2x)\sec^2(1-2x)dx$ 。

3. (1) $\dfrac{x^2}{2}+C$ ； (2) $\dfrac{1}{\omega}\sin\omega t+C$ ； (3) $\ln(1+x)+C$ ； (4) $\dfrac{1}{3}\tan 3x+C$ 。

4. (1) 0.5076； (2) 1.025。

第三章

习题 3.1

1. (1) 满足，$\xi=0$； (2) 满足，$\xi=\dfrac{1}{4}$ 。

2. 略

3. 提示：(1) 设 $f(x)=\ln x$，$x\in[a,b]$；　(2) $f(x)=\arctan x$，$x\in[x_1,x_2]$

4. 证：$f(x)$ 在 (a,b) 内可导，$f(x)$ 在 $[a,b]$ 内连续，满足拉格朗日定理，且 $f'(x)\geqslant m$，存在 $\xi\in(a,b)$，$\dfrac{f(b)-f(a)}{b-a}=f'(\xi)$，所以 $f(b)\geqslant f(a)+m(b-a)$

5. 略

习题 3.2

1. (1) 4；　(2) 2；　(3) -1；　(4) 2。

2. (1) $\frac{1}{2}$；　(2) $\frac{1}{2}$；　(3) $\frac{2}{\pi}$；　(4) e^{-1}；　(5) 1；　(6) e^{-1}；　(7) $\frac{1}{6}$；　(8) e^{-1}；　(9) e^2；　(10) 1。

习题 3.3

1. (1) 增区间 $(-1,0)$，$(1,+\infty)$ 减区间 $(-\infty,-1)$，$(0,1)$ 极小值 $f(-1)=1$，$f(1)=1$，极大值 $f(0)=2$；

(2) 增区间 $(-\infty,0)$ 减区间 $(0,+\infty)$，极大值 $f(0)=-1$；

(3) 增区间 $(0,2)$ 减区间 $(-\infty,0)$，$(2,+\infty)$，　极小值 $f(0)=0$，　极大值 $f(2)=4e^{-2}$；

(4) 增区间 $\left(\frac{1}{2},+\infty\right)$ 减区间 $\left(-\infty,\frac{1}{2}\right)$，　极小值 $f\left(\frac{1}{2}\right)=-\frac{27}{16}$。

2. (1) 最大值 64，最小值 0；

(2) 最大值 $\frac{1}{2}$，最小值 0；

(3) 最大值 $\frac{\pi}{2}-1$，最小值 $-\frac{\pi}{2}+1$；

(4) 最大值：$f(\frac{\pi}{4})=1$，最小值：$f(0)=0$。

3. $Q=20000$，最大利润：$L(20000)=340000$ 元。

4. $\frac{a}{6}$。

习题 3.4

(1) 在 $(-\infty,\frac{1}{3})$ 凹，在 $(\frac{1}{3},+\infty)$ 凸，拐点：$(\frac{1}{3},\frac{2}{27})$。

(2) 在 $(-\infty,0)$，$(2,+\infty)$ 凹，在 $(0,2)$ 凸，拐点：$(0,\frac{1}{4})$，$(2,\frac{1}{4})$。

(3) 在 $(-2,+\infty)$ 凹，在 $(-\infty,-2)$ 凸，拐点：$(-2,-\frac{2}{e^2})$。

(4) 在 $(1,+\infty)$ 凹，在 $(-\infty,1)$ 凸，无拐点。

习题 3.5

1. (1) $y=0$，$y=2$；　(2) $x=0$，$y=1$；　(3) $x=-1$，$y=0$；　(4) $x=1$，$y=0$。

2. (1) 极大值：$f(-\frac{1}{3})=\frac{32}{27}$，极小值：$f(1)=0$，拐点：$(\frac{1}{3},\frac{16}{27})$。

(2) 极小值：$f(0)=0$，渐近线：$x=-1$。

第四章

习题 4.1

(1) $\frac{2}{3}x^3+\frac{3^x}{\ln 3}+C$ ； (2) $2\sqrt{t}-\frac{4}{3}t^{\frac{3}{2}}+\frac{2}{5}t^{\frac{5}{2}}+C$ ；

(3) $\frac{m}{m+n}x^{\frac{m+n}{m}}+C$ ； (4) $x-2\arctan x+C$ ； (5) $\arcsin x+C$ ；

(6) $\frac{1}{3}x^3-2x+2\arctan x+C$ ； (7) $\frac{1}{2}(u-\sin u)+C$ ；

(8) $\frac{1}{2}\tan x+C$ ； (9) $-\tan x-\cot x+C$ ； (10) $-\cot x-x+C$ ；

(11) $\frac{(3\mathrm{e})^x}{1+\ln 3}$ ； (12) e^x-x+C ； (13) $\mathrm{e}^x-\ln|x|+C$ ；

(14) $-\frac{2}{5^x\ln 5}+\frac{1}{2^x 5\ln 2}$ ； (15) $-\frac{1}{x}-\arctan x+C$ ； (16) $\frac{12}{23}x^{\frac{23}{12}}+C$ 。

习题 4.2

(1) $-\frac{(1-2x)^{\frac{5}{2}}}{5}+C$ ； (2) $-\frac{1}{6(3x-2)^2}+C$ ； (3) $-\frac{1}{2}\mathrm{e}^{-2x}+C$ ；

(4) $-\frac{2}{3}\sqrt{4-x^3}+C$ ； (5) $-\frac{1}{2}\sqrt{1-2x^2}+C$ ； (6) $\frac{1}{2}\arctan \mathrm{e}^{2x}+C$ ；

(7) $\arctan \mathrm{e}^x+C$ ； (8) $x-\ln(\mathrm{e}^x+1)+C$ ； (9) $\ln|\ln\ln x|+C$ ；

(10) $-\ln|1-\ln x|+C$ ； (11) $\frac{1}{5}\ln\left|\frac{x-3}{x+2}\right|+C$ ；

(12) $\frac{1}{2}\arctan\frac{x-1}{2}+C$ ； (13) $\frac{1}{2}\arcsin\frac{2x}{3}+C$ ；

(14) $\frac{1}{6}\arctan\frac{2x}{3}+C$ ； (15) $\frac{1}{2}\ln(1+x^2)+\frac{2}{3}\arctan^{\frac{2}{3}}x+C$ ；

(16) $-\sqrt{(1+x^2)}+\frac{2}{3}\arcsin^{\frac{2}{3}}x+C$ ； (17) $-\frac{1}{5}\cos 5x+C$ ；

(18) $\frac{1}{2}+\frac{1}{20}\sin 10x+C$ ； (19) $-\arcsin\frac{\cos x}{\sqrt{2}}+C$ ；

(20) $\frac{1}{5}\sin^5 x-\frac{1}{7}\sin^7 x+C$ ； (21) $\frac{1}{3}\tan^3 x-\tan x+x+C$ ；

(22) $-2\ln|\cos\sqrt{x}|+C$ ； (23) $\arctan^2\sqrt{x}+C$ ；

(24) $\frac{2}{5}(x+1)^{\frac{5}{2}}-\frac{2}{3}(x+1)^{\frac{3}{2}}+C$ ； (25) $\sqrt{2x}-\ln(1+\sqrt{2x})+C$ ；

(26) $\sqrt{1+\mathrm{e}^{2x}}-x+\ln(\sqrt{1+\mathrm{e}^{2x}}-1)+C$ 。

习题 4.3

(1) $\frac{1}{2}x\sin 2x+\frac{1}{4}\cos 2x+C$ ； (2) $x^2\sin x+2x\cos x-2\sin x+C$ ；

(3) $x\arctan x-\frac{1}{2}\ln(1+x^2)+C$ ； (4) $\frac{1}{2}(x^2+1)\arctan x+\frac{1}{2}x+C$ ；

(5) $\ln(4+x^2)-2x+4\arctan\frac{x}{2}+C$； (6) $x\ln^2x-2x\ln x+2x+C$；

(7) $\frac{1}{2}(\sec x\tan x+\ln|\sec x+\tan x|)+C$； (8) $2e^{\sqrt{x}}(\sqrt{x}-1)+C$。

第五章

习题 5.1

1. (1) 小于； (2) 大于； (3) 大于； (4) 大于。

2. (1)1； (2) $\frac{\pi}{4}$。

习题 5.2

1. (1) $x\sin x$； (2) $-e^x$； (3) $2x\tan x^2$； (4) $2x\cos x^2\sin^3 x^2$。

2. (1) 4ln2； (2) 0； (3) $\frac{9}{2}$； (4) 4。

习题 5.3

(1) $\frac{1}{2}$； (2) $\frac{\pi}{6}$； (3) $4-2\ln 3$； (4) $\frac{\pi}{12}+\frac{\sqrt{3}}{2}-1$； (5) 1； (6) 2。

习题 5.4

1. (1) $\frac{1}{6}$； (2) $\frac{1}{3}$； (3) $\frac{3}{2}-\ln 2$。

2. (1) $\frac{\pi}{2}(e^2+e^{-2}-2)$； (2) $\frac{64}{5}\pi$。

3. $\frac{b^2-a^2}{2a}k$。

4. (1) $C(x)=-\frac{1}{2}x^2+2x+22$，$R(x)=20-2x^2$。
   (2) $x=6$。

习题 5.5

1. (1) $\frac{1}{3}$； (2) 发散； (3) 2； (4) 发散。

2. (1)24； (2) $\frac{\Gamma(r)}{\lambda^r}$。

第六章

习题 6.1

1. (1) $|x|\geqslant 2, |y|\leqslant 2$； (2) $xy<4$。

2. $f(x,y)=\frac{x^2(1-y)}{1+y}$。

3. (1) $\frac{1}{2}$； (2) 1； (3) 2； (4) 0。

4. (0, 0)。

习题 6.2

1. (1) $\frac{\partial z}{\partial x}=2x+e^{x}y$，$\frac{\partial z}{\partial y}=e^{x}$；　(2) $\frac{\partial z}{\partial x}=2x-\frac{1}{y}$，$\frac{\partial z}{\partial y}=\frac{1}{y^{2}}$；

(3) $\frac{\partial z}{\partial x}=\frac{\partial z}{\partial y}=\frac{1}{1+(x+y)^{2}}$。

2. (1) $\frac{\partial^{2}z}{\partial x^{2}}=\frac{2xy}{(x^{2}+y^{2})^{2}}$，　$\frac{\partial^{2}z}{\partial y^{2}}=-\frac{2xy}{(x^{2}+y^{2})^{2}}$，

$\frac{\partial^{2}z}{\partial x\partial y}=\frac{\partial^{2}z}{\partial y\partial x}=\frac{y^{2}-x^{2}}{(x^{2}+y^{2})^{2}}$。

(2) $\frac{\partial^{2}z}{\partial x^{2}}=y^{x}\ln^{2}y$，　$\frac{\partial^{2}z}{\partial y^{2}}=x(x-1)y^{x-2}$；

$\frac{\partial^{2}z}{\partial x\partial y}=\frac{\partial^{2}z}{\partial y\partial x}=y^{x-1}(x\ln y+1)$。

3. (1) $2(x-y)dx+(3y^{2}-2x)dy$；　(2) $\frac{1}{y}e^{\frac{x}{y}}dx-\frac{x}{y^{2}}e^{\frac{x}{y}}dy$。

习题 6.3

1. $4t^{3}-7t^{6}$。

2. $\frac{\partial z}{\partial x}=e^{xy}[y\sin(x+y)+\cos(x+y)]$，　$\frac{\partial z}{\partial y}=e^{xy}[x\sin(x+y)+\cos(x+y)]$。

3. $\frac{\partial z}{\partial x}=\frac{2x+y}{1-6z}$，$\frac{\partial z}{\partial y}=\frac{x+4y}{1-6z}$。

习题 6.4

1. 极小值为 $f(3,3)=0$。

2. 长、宽、高均为 2m 时，最省料。

3. $\frac{\sqrt{6}}{36}a^{3}$。

习题 6.5

1. (1) $\int_{0}^{1}dx\int_{x}^{1}f(x,y)dy$；　(2) $\int_{0}^{4}dx\int_{\frac{x}{2}}^{\sqrt{x}}f(x,y)dy$。

2. (1) $\frac{1}{15}$；　(2) 1；　(3) $\frac{20}{3}$。

3. (1) $\frac{\pi}{2}(b^{4}-a^{4})$；　(2) $\pi(1-e^{-a^{2}})$；　(3) $-\frac{1}{2}R^{3}(\frac{2}{3}-\frac{\pi}{2})$。

习题 6.6

1. $\frac{1}{364}$。

2. $\frac{1}{2}(\ln 2-\frac{5}{8})$。

习题 6.7

1. $-\frac{56}{15}$。

2. $-\frac{\pi}{2}a^3$。

习题 6.8

1. 12。

2. 0。

习题 6.9

1. $\frac{2}{105}\pi R^7$。

2. $\frac{1}{8}$。